*1* Johann Wolfgang von Goethe
(28. 8. 1749–22. 3. 1832)

Biographien
hervorragender Naturwissenschaftler,
Techniker und Mediziner

Band 38

# Johann Wolfgang von Goethe
## als Naturwissenschaftler

Dr. Wolfram Voigt, Berlin
Dr. Ulrich Sucker, Berlin

3., verbesserte Auflage

Mit 10 Abbildungen

BSB B. G. Teubner Verlagsgesellschaft · 1987

Herausgegeben von
D. Goetz (Potsdam), I. Jahn (Berlin), E. Wächtler (Freiberg),
H. Wußing (Leipzig)
Verantwortlicher Herausgeber: D. Goetz

Abb. 1 Gemälde nach G. v. Kügelgen, Goethe-Nationalmuseum Weimar

Voigt, Wolfram:
Johann Wolfgang von Goethe als Naturwissenschaft-
ler / Wolfram Voigt ; Ulrich Sucker. – 3., verb.
Aufl. – Leipzig ; BSB Teubner, 1987. –
100 S. : 10 Abb. (Biographien hervorragender
Naturwissenschaftler, Techniker und Mediziner ; 38)
NE: 2 Verf.:; GT

ISBN 978-3-322-00262-4     ISBN 978-3-322-94551-8 (eBook)
DOI 10.1007/978-3-322-94551-8

ISSN 0232-3516
© BSB B. G. Teubner Verlagsgesellschaft, Leipzig, 1987
3. Auflage
VLN 294–375/124/87 · LSV 0118
Lektor: Dr. Hans Dietrich

Gesamtherstellung: Elbe-Druckerei Wittenberg IV-28-1-1611
Bestell-Nr. 665 853 7

00530

# Vorwort

Dieser Band soll ein kleiner Beitrag zum marxistischen Goethebild sein. Goethe stand in der Traditionslinie eines pantheistisch verkleideten Materialismus und kam als selbständiger, origineller Dialektiker in manchen Punkten seinem jüngeren Zeitgenossen G. W. F. Hegel recht nahe.

Der Thematik entsprechend lenken wir das Interesse des Lesers bewußt auf die naturwissenschaftlichen Leistungen Goethes, die nur eine – wenn auch sehr wichtige – Seite seines Gesamtwirkens waren. Aus ihnen ergeben sich weltanschauliche, erkenntnistheoretische und methodologische Fragen, die Goethe in einer bestimmten Art zu beantworten versuchte.

Es soll uns darauf ankommen, dem traditionellen Goethebild, das wesentlich durch seine dichterische Tätigkeit bestimmt war und ist, den Aspekt der naturwissenschaftlichen Leistungen Goethes hinzuzufügen und es damit wenn möglich zu präzisieren und zu bereichern. Die Tätigkeit Goethes auf anderen Gebieten ziehen wir heran, soweit sie für das Verständnis der naturwissenschaftlichen Arbeiten notwendig ist.

Die politischen und die naturwissenschaftlich-technisch-ökonomischen Verhältnisse des Jahrhunderts von 1750 bis 1850 bilden den Hintergrund und die notwendige Grundlage für das Verständnis des Naturwissenschaftlers Goethe.

Goethes breit gefächerte naturwissenschaftliche Interessen erlauben keine durchgängig biographisch-chronologische Behandlung. Wir haben eine solche angestrebt in jedem Abschnitt, der ein naturwissenschaftliches Gebiet betrifft. Zeitliche Vor- und Rückgriffe in den einzelnen Abschnitten ließen sich nicht vermeiden. Die Thematik des Beitrages und der uns zur Verfügung stehende Raum schließen selbstverständlich aus, daß wir den Gegenstand auch nur annähernd vollständig hätten behandeln können. Wir verstehen unsere Darstellung als einen kleinen Diskussionsbeitrag. Aus der unübersehbaren Flut der Sekundärliteratur haben wir unter Rückgriff auf die Originalarbeiten Goethes nur eine kleine Auswahl getroffen und neben einigen grundlegenden bürgerlichen Arbeiten vor allem marxistische Literatur herangezogen.

Goethes naturwissenschaftliche Arbeiten, die in der großen Weimarer Ausgabe seiner Werke 14 Bände füllen, betreffen vor allem Farbenlehre, vergleichende Anatomie und Morphologie, Mineralogie und Geologie sowie Meteorologie und interessante weltanschaulich-naturwissenschaftliche, erkenntnistheoretisch-methodologische und wissenschaftshistorische Gedanken. Am Rande berührt werden Fragen der Geographie, Physiologie und Chemie, Gedanken zur Mathematik, zur Elektrizität, zum Magnetismus, zur Tonlehre und zu anderen naturwissenschaftlichen Sachgebieten.

Goethes Interesse für Naturwissenschaften erstreckte sich nach seiner eigenen Aussage auf solche empirischen Naturwissenschaften, deren Verständnis und Bearbeitung keine umfassenderen instrumentalen und mathematischen Mittel voraussetzte, und war betont darauf gerichtet, die Resultate empirisch-experimenteller Untersuchungen theoretisch zu durchdringen, zu synthetisieren, zu verallgemeinern und über Gesetze die Einzelerscheinungen zu beherrschen. Die Verbindung dieser beiden Aspekte führte ihn zur Formulierung solcher Gedanken wie „Metamorphose", „Typus" und „Phänomen". Die Gedankenverbindung „empirisch-theoretisch" ist für Goethes Schaffen überaus charakteristisch und erinnert an die heute aktuelle Modellproblematik.

Goethes dichterische Tätigkeit, seine politische Wirksamkeit und seine naturwissenschaftlichen Forschungen haben sich vielfach gegenseitig beeinflußt und einander durchdrungen. Im Text wird an den entsprechenden Stellen darauf verwiesen. So gingen in die Konzeption von Goethes „Faust" weltanschaulich-naturwissenschaftliche Gedanken ein. Die Titelgestalt erscheint als Naturwissenschaftler und Politiker. Es wird der Anspruch des faustischen Menschen auf „ideales Streben nach Einfühlen und Einwirken in die ganze Natur" erhoben (Arbeitsschema zum „Faust", 1797).

Wir haben uns um ein kritisches Verständnis Goethes aus seinen Zeitumständen heraus bemüht. Der Standpunkt, von dem wir dabei ausgingen, läßt sich vielleicht am besten aussprechen mit den Worten von Friedrich Engels:

Wir werfen Goethe nicht à la Börne und Menzel vor, daß er nicht liberal war, sondern daß er zuzeiten auch Philister sein konnte, nicht, daß er keines Enthusiasmus für deutsche Freiheit fähig war, sondern daß er einer spieß-

bürgerlichen Scheu vor aller gegenwärtigen großen Geschichtsbewegung sein
stellenweise hervorbrechendes, richtigeres ästhetisches Gefühl opferte; nicht,
daß er Hofmann war, sondern daß er zur Zeit, wo ein Napoleon den großen
deutschen Augiasstall ausschwemmte, die winzigsten Angelegenheiten und
menus plaisirs eines der winzigsten deutschen Höflein mit feierlichem Ernst
betreiben konnte. Wir machen überhaupt weder vom moralischen, noch vom
Parteistandpunkte, sondern höchstens vom ästhetischen und historischen
Standpunkte aus Vorwürfe; wir messen Goethe weder am moralischen, noch
am politischen, noch am „menschlichen" Maßstab. [2, S. 233]

Die Verfasser

# Inhalt

# Die Herausbildung weltanschaulicher Grundpositionen beim jungen Goethe und ihre weitere Ausgestaltung

Die universelle Tätigkeit Johann Wolfgang von Goethes umfaßt neben und mit seinem fast lebenslangen dichterischen und künstlerischen Schaffen eine nahezu 60jährige großenteils experimentell-forschende Tätigkeit in den Naturwissenschaften und seine 40jährige politische Aktivität.

Goethe wurde am 28. August 1749 in Frankfurt am Main geboren. Seine Eltern waren der Kaiserliche Rat Johann Kaspar Goethe, dessen Vorfahren im Kyffhäusergebiet Handwerker und Bauern gewesen waren, und die Bürgermeistertochter Katharina Elisabeth geborene Textor, die aus städtischen Gelehrten- und Beamtenkreisen stammte. Goethe verbrachte seine Kindheit in der damaligen freien Reichsstadt, die ein Zentrum des Handels und des Verkehrs war und in der traditionsgemäß die Kaiser des Heiligen Römischen Reiches Deutscher Nation gekrönt wurden. Goethe erhielt Privatunterricht durch den Vater und andere Lehrer und wuchs in ein kultiviertes, bürgerliches Leben hinein. Bereits als Schüler hatte er eine Vorliebe für kleine naturwissenschaftliche Untersuchungen. Der Knabe Goethe suchte Kontakt zu den verfemten Frankfurter Juden und zu den städtischen Handwerkern und ihrer Arbeit und Lebensweise.

Goethe hatte den Wunsch, in Göttingen zu studieren. Die dortige Universität hatte sich zu dieser Zeit schon zu einer der bedeutendsten Universitäten in Deutschland entwickelt. An ihr hatten Naturwissenschaften und Mathematik eine wichtige Stellung inne. Die theologische Fakultät besaß nicht mehr das übliche Primat. Naturwissenschaftlich-materialistisches Denken war die Grundhaltung vieler Professoren. Goethes Vater entsprach jedoch der Vorstellung seines Sohnes nicht.

Auf Veranlassung des Vaters nahm der Sechzehnjährige das Jurastudium auf, von Oktober 1765 bis August 1768 in Leipzig und von März 1770 bis August 1771 in Straßburg, unterbrochen durch einen Genesungsaufenthalt im Elternhaus. Am 6. August 1771 wurde Goethe nach juristischen, aber auch medizinischen und naturwissenschaftlichen (chirurgischen, physiologischen, chemichen), philosophischen, mathematischen und historischen Studien in Straßburg zum Lizentiaten der Rechte promoviert. Seine juristische Dissertation „De legislatoribus" war vom Dekan der juristischen Fakultät wegen ihres religionskritischen, freisinnigen Inhaltes abgelehnt worden, da ihre Drucklegung die Professoren für ihre Ämter hätte fürchten lassen müssen. Goethe beschränkte sich daraufhin auf eine öffentliche Disputation von Thesen über „Positiones juris", ohne ein Diplom von der Straßburger Universität zu verlangen. Da der Titel Lizentiat damals dem Doktorgrad gleichgesetzt wurde, bezeichnete Goethe sich fortan als Doctor juris. Goethe hatte also sein Promotionsverfahren mit einer mündlichen Verteidigung abgeschlossen, ohne ein entsprechendes Dokument zu erhalten. 1771 wurde er in Frankfurt am Main als Advokat zugelassen. Im November 1775 übersiedelte Goethe nach Weimar, in die Residenzstadt des sachsen-weimarischen Herzogtums.

Goethes persönlicher Entwicklungsgang, aktiv gestaltet durch seine universelle Tätigkeit, brachte unter Beibehaltung einmal errungener weltanschaulicher Grundpositionen manche Wandlungen mit sich. Die Abkehr von der christlichen Vorstellungswelt seiner Jugendzeit vollzog sich bei Goethe etwa zwischen 1765 und 1770. Als besonders markant für diese Abkehr werden im allgemeinen seine Oden an den Jugendfreund Wolfgang Behrisch aus der Leipziger Studentenzeit angesehen.

Die gesellschaftlichen Verhältnisse der damaligen Zeit in Deutschland waren ökonomisch und politisch allgemein rückständig. Friedrich Engels hat sie in seiner Artikelserie „Deutsche Zustände", die er 1845/1846 für den „Northern Star" schrieb, geschildert. Obgleich Deutschland hinter England und Frankreich zurückgeblieben war, bewegte es sich auf dem Wege der bürgerlichen Entwicklung voran. Es gab progressive Tendenzen sowohl im Gewerbe als auch in der Landwirtschaft und in der deutschen Aufklärung. In dem zu England gehörenden Hannover gab es eine Pressefreiheit. Der englische Adel schickte seine Söhne zum Studium nach Göttingen. Halle war ein Zentrum der ungarischen akademischen Jugend. Der bedeutende Stand der Metallurgie in Deutschland fand in Frankreich Beachtung. Als sehr hinderlich für die Entwicklung in Deutschland erwies sich die Kleinstaaterei.

In dieser Situation verhielt Goethe sich in seinen Werken zur deutschen Gesellschaft seiner Zeit widersprüchlich, wie Engels in seiner Polemik gegen Karl Grün von 1846/47 hervorhob:

So ist Goethe bald kolossal, bald kleinlich; bald trotziges, spottendes, weltverachtendes Genie, bald rücksichtsvoller, genügsamer, enger Philister. Auch Goethe war nicht imstande, die deutsche Misere zu besiegen; im Gegenteil, sie besiegte ihn, und dieser Sieg der Misere über den größten Deutschen ist der beste Beweis dafür, daß sie „von innen heraus" gar nicht zu überwinden ist. [2, S. 232]

Goethe wurde in seinen Jugendjahren und während seines Studiums stark von den Gedanken Spinozas beeinflußt. Die Lehre Spinozas, sein Pantheismus, der, wie Engels bemerkte, ein verbrämter Materialismus war, hatte in Deutschland sowohl im 17. als auch im 18. Jahrhundert eine große Einflußsphäre gefunden. Sie gab die Möglichkeit, das materialistische Grundanliegen in der Betrachtung der Natur und der menschlichen Handlungen nicht in einem offenen materialistischen, atheistischen Standpunkt zeigen zu müssen, dabei aber die objektiven Gesetze in der Natur und die Kausalität in Natur und menschlichem Denken und Handeln anerkennen zu können. Da in der Lehre Spinozas der Begriff der Natur mit dem Wort Gott gleichgesetzt wurde, ohne in Gott den Schöpfer zu sehen, konnte in solch einer Form materialistisches Denken äußerlich idealistisch verkleidet werden. Dieses philosophische Denken entsprach der gesellschaftlichen Widersprüchlichkeit in Deutschland und fand großen Widerhall.
Viele bedeutende Dichter, Gelehrte und Geistesschaffende waren Anhänger der Lehre Spinozas. Sein Pantheismus war für den jungen Moses Mendelssohn (den bekannten Berliner Aufklärungsphilosophen und Großvater des Komponisten Felix-Mendelssohn-Bartholdy), Gotthold Ephraim Lessing, Johann Gottfried Herder (den vielseitigen Dichter und philosophischen Schriftsteller, Lehrer und Freund Goethes, der für die klassische deutsche Literatur neben Lessing als bahnbrechender Kritiker eine hervorragende Rolle spielte), Goethe, Georg Forster und den bedeutenden Göttinger Experimentalphysiker Georg Christoph Lichtenberg die für sie bedeutsame Weltanschauung. Sie konnten mit ihr ihre materialistische Grundhaltung in eine gemäßigte Form kleiden, die der geistigen und politischen Situation in Deutschland entsprach. Gleichzeitig bot ihnen der Spinozismus im Gegensatz zum mecha-

nisch-metaphysischen Materialismus der französischen Aufklärer
genügend Raum für eine dynamische Auffassung von der Entwicklung der Natur und des Menschen.

Herder machte Goethe 1770 in Straßburg mit dem Entwicklungs-
gedanken vertraut („Über den Ursprung der Sprache", 1. Ausgabe
1772) und machte ihn auf den Zusammenhang zwischen den Ideen
des Jahrhunderts und der Tätigkeit der handwerklichen, bäuer-
lichen und plebejischen Produzenten aufmerksam. Diese Gedanken
Herders besaßen eine große geistig-kulturelle Sprengkraft.

Goethe hat in einem Brief an den Philosophen Friedrich Heinrich
Jacobi vom 23. November 1801 recht deutlich geschrieben, welchen
Maßstab er an Philosophie legte:

Wie ich mich zur Philosophie verhalte, kannst du leicht auch denken. Wenn
sie sich vorzüglich aufs Trennen legt, so kann ich mit ihr nicht zurechte
kommen und ich kann wohl sagen: sie hat mir mitunter geschadet, indem
sie mich in meinem natürlichen Gang störte; wenn sie aber vereint oder
vielmehr, wenn sie unsere ursprüngliche Empfindung, *als seien wir mit der
Natur eins,* erhöht, sichert und in ein tiefes ruhiges Anschauen verwandelt,
in dessen immerwährender Synkrisis und Diakrisis wir ein göttliches Leben
fühlen, wenn uns ein solches zu führen auch nicht erlaubt ist, dann ist sie
mir willkommen und du kannst meinen Anteil an deinen Arbeiten danach
berechnen. [WA, IV, 15, S. 280–281]

Die Tatsache, daß Goethe einige französische Materialisten des
18. Jahrhunderts ablehnte, darf man nicht überschätzen. Er hatte
eine Abneigung gegen die Universitätsphilosophie seiner Studentenzeit, ihren undialektischen Charakter und ihre spekulativen
Systemkonstruktionen, gegen jene Autoren, die er als „Popular-
Philosophen" bezeichnete. Das erstreckt sich, wie Goethe selbst
bezeugt hat [WA, II, 11, S. 47–53], nicht auf sein Verhältnis zu
Kant, Fichte, Schelling und Hegel. Es wäre falsch, Goethe
schlechthin als Philosophie-Gegner zu bezeichnen.

Goethes auf allen Gebieten auf die Mannigfaltigkeit der ganzen
Natur gerichtete und von ihr ausgehende Arbeitsweise ist ihrem
Wesen nach höchst philosophisch. Nur die abstrakte und vielfach
mystifizierende Ausdrucksweise der klassischen deutschen Philo-
sopie ließ ihn schwer mit ihr einig werden. Sehr bezeichnend
schrieb er am 24. Juni 1794 an Fichte:

Was mich betrifft, werde ich Ihnen den größten Dank schuldig sein, wenn
Sie mich endlich mit den Philosophen versöhnen, die ich nie entbehren und
mit denen ich mich niemals vereinigen konnte. [WA, IV, 10, S. 167]

Schiller beurteilte Goethes Verhältnis zum philosophischen Denken so:

In Ihrer richtigen Intuition liegt alles und weit vollständiger, was die Analysis mühsam sucht, und nur weil es als ein Ganzes vor Ihnen liegt, ist Ihnen Ihr eigener Reichtum verborgen; denn leider wissen wir nur das, was wir scheiden. Geister Ihrer Art wissen daher selten, wie weit sie gedrungen sind, und wie wenig Ursache sie haben, von der Philosophie zu borgen, die nur von Ihnen lernen kann ... Was Sie aber schwerlich wissen können (weil das Genie sich immer selbst das größte Geheimnis ist) ist die schöne Übereinstimmung Ihres philosophischen Instinktes mit den reinsten Resultaten der spekulierenden Vernunft ... [Schillers Werke, Bd. 27, Weimar 1958, S. 24 bis 25, 26]

Goethe selbst hat diese Einschätzung später in seinem Bericht über die erste Begegnung mit Schiller bestätigt, indem er darstellte, seine naturwissenschaftliche Methode laufe darauf hinaus, „... die Natur nicht gesondert und vereinzelt vorzunehmen, sondern sie wirkend und lebendig, aus dem Ganzen in die Teile strebend darzustellen" [WA, II, 11, S. 17].
Goethe verhielt sich bekanntlich kritisch zur Philosophie Hegels, auf den ebenfalls spinozistischer Einfluß nachweisbar ist und den Goethe persönlich kannte und schätzte. Aber von ganz anderen Seiten her kam Goethe, vor allem auch von der Naturforschung ausgehend, zu dialektischen Einsichten und Arbeitsmethoden, die denen Hegels nicht nachstehen. Das ist von Hegel anerkannt worden. In seiner „Ästhetik" bezog er sich an sehr vielen Stellen auf Goethe und schrieb über dessen Beschäftigung mit Naturwissenschaft unter anderem:

... so führte Goethen sein Eigentümliches zur natürlichen Seite der Kunst, zur äußeren Natur, zu den Pflanzen- und Tierorganismen, zu den Kristallen, der Wolkenbildung und den Farben. Für diese wissenschaftliche Forschung brachte Goethe seinen großen Sinn mit, der in diesen Gebieten die bloße Verstandesbetrachtung und den Irrtum ... über den Haufen geworfen hat...
Mit großem Sinne trat er naiverweise mit sinnlicher Betrachtung an die Gegenstände heran und hatte zugleich die volle Ahnung ihres begriffsgemäßen Zusammenhangs. [Hegel: Sämtliche Werke, Bd. 12, Stuttgart 1953, S. 97, 183]

Hegel betont hier das nichtspekulative, empirische Verhalten Goethes zur Natur und Naturwissenschaft und sein Streben nach Gesetzeserkenntnis.

Goethes Spinozismus, in dem die Allgemeinheit des Entwicklungs-
gedankens eingeschlossen ist, umfaßt die Natur und die Natur des
Individuums Mensch. Engels schrieb in seiner Besprechung des
Buches „Past and Present" von Thomas Carlyle für die „Deutsch-
Französischen Jahrbücher" im Jahre 1844:

Der Mensch hat sich nur selbst zu erkennen, alle Lebensverhältnisse an sich
selbst zu messen, nach seinem Wesen zu beurteilen, die Welt nach den For-
derungen seiner Natur wahrhaft menschlich einzurichten, so hat er das
Rätsel unserer Zeit gelöst ...
Alles das steht auch in Goethe, ... und wer offene Augen hat, der kann
es herauslesen. Goethe hatte nicht gern mit „Gott" zu tun; das Wort machte
ihn unbehaglich, er fühlte sich nur im Menschlichen heimisch, und diese
Menschlichkeit, diese Emanzipation der Kunst von den Fesseln der Religion
macht eben Goethes Größe aus. Weder die Alten noch Shakespeare können
sich in dieser Beziehung mit ihm messen. Aber diese vollendete Menschlichkeit, diese Überwindung des religiösen Dualismus kann nur von dem in
ihrer ganzen historischen Bedeutung erfaßt werden, dem die andere Seite
der deutschen Nationalentwicklung, die Philosophie nicht fremd ist. [1,
S. 546–547]

Engels spricht hier noch von der abstrakten Natur des Menschen
im Sinne Feuerbachs. Schon wenige Jahre später, nach der gemeinsam mit Marx erfolgten Erarbeitung des historischen Materialismus, steht an ihrer Stelle der historisch konkrete Mensch und die
weltgeschichtliche Aufgabe des Proletariats. Die „arbeitende
Klasse" trat in Goethes letzten Lebensjahren bereits in dessen
Blickwinkel (siehe die Gespräche mit Eckermann vom 27. 3. 1825
und vom 14. 3. 1830).
Goethe selbst hat sich mit Spinoza nicht vollständig identifiziert,
wie eine seiner Äußerungen aus Venedig vom 12. Oktober 1786
belegt:

Herder spottet oft über mich, daß ich all mein Latein aus dem Spinoza ler-
ne, denn er hatte bemerkt, daß dies das einzige lateinische Buch war, das
ich las; er wußte aber nicht, ... wie sehr ich mich in jene abstrusen Allge-
meinheiten nur ängstlich flüchtete. [Zit. in 23, S. 21]

Goethe konnte Spinozas abstrakt-mathematischer Methode, die
dieser vor allem in der „Ethik" anzuwenden suchte, nicht zustim-
men.
Im Zusammenhang mit einer Analyse von Goethes Weltanschauung besagen einzelne Textstellen relativ wenig. Trotzdem möchten
wir auf einen Brief Goethes an den Leiter der Berliner Singakade-

mie Carl Friedrich Zelter vom 5. Oktober 1831 (also wenige Monate vor Goethes Tod) hinweisen, in dem sich Goethe mit bezeichnender Ironie der „Erzungläubige" und „hartnäckigste Häresiarch, worin uns Gott gnädiglich erhalten und bestätigen wolle" [WA, IV, 49, S. 107] genannt hat. Die Bedeutung dieser Textstelle wird dadurch unterstrichen, daß Mary Sabià in ihrer Ausgabe des Briefwechsels Goethes mit Zelter (2. Aufl., 1924) den betreffenden Brief Goethes unter dem Vorwand der Verdichtung alles Bedeutsamen „unter Auslassung des Beiläufigen" einfach weg-läßt. Die gleiche weltanschauliche Haltung, verbunden mit der gleichen Ironie, hatte Goethe bereits in den bekannten Zeilen an den Aufklärungsphilosophen und späteren Präsidenten der Akademie der Wissenschaften in München F. H. Jacobi vom 5. Mai 1786 bezeugt: „Ich halte mich fest und fester an die Gottesverehrung des Atheisten ... und überlasse euch alles, was ihr Religion heißt und heißen müßt." [WA, IV, 7, S. 214]
Diese Haltung zieht sich über Jahrzehnte hinweg bis an sein Lebensende kontinuierlich durch sein Lebenswerk. Er bekennt sie aber nur wenigen intimen Freunden offen, unter denen Jacobi eine besonders wichtige Rolle spielt.
In der Literatur ist seit langem bekannt, daß in Weimar ein teils pantheistischer, teils materialistisch-atheistischer Kreis bestand, zu dem außer Goethe auch Herder und August von Einsiedel gehörten, und zu dem Karl Ludwig von Knebel, Johann Christian Reil, Georg Forster und Friedrich Heinrich Jacobi in Beziehung standen. Goethe fühlte sich in dieser Hinsicht auch mit Lessing, Johann Georg Hamann und Zelter besonders verbunden. Als Gegenstück zu diesem entstand um die Jahrhundertwende der Romantikerkreis um Friedrich v. Schlegel, August Wilhelm v. Schlegel, Novalis, Wackenroder und Tieck, der zum Katholizismus tendierte. Goethe dagegen war Freimaurer wie auch Herder, Wieland, Mozart, Nicolai, Jacobi, Gottfried August Bürger, von Knigge, Rebmann, Schlosser (Goethes Schwager), Christian Gottfried Körner (der Vater Theodor Körners und Freund Schillers), Campe, Pestalozzi, der Weimarer Herzog Carl August, Hermann S. Reimarus, Beethoven, Zelter, Fichte, Hölderlin, Mendelssohn, von Knebel, Oken, Karl Friedrich Ernst Frommann, Forster, Cotta, Sömmering, von Hardenberg, zeitweise Schelling und viele andere. Hegel war vielen Freimaurern freundschaftlich verbunden und

wahrscheinlich selbst Freimaurer. Ob Schiller Freimaurer war, ist
nicht ganz sicher, aber wahrscheinlich. Großen Einfluß auf die
Freimaurerei in Deutschland am Ende des 18. Jahrhunderts hatten die Ideen Lessings, den Goethe und Hegel bewunderten. Weltanschaulich waren die Geheimgesellschaften der Freimaurer he-
terogen. Politisch standen sie im allgemeinen den französischen
Girondisten, d. h. der Partei des gemäßigten Bürgertums in der
französischen Revolution, nahe und lehnten die Jakobinerdiktatur
ab.

Welche Stellung Goethe gegenüber Vertretern der Lehre Spinozas einnahm, zeigt sein Verhältnis zu Herder. Goethe leitete bekanntlich die Berufung Herders als Generalsuperintendent nach
Weimar ein und setzte sie durch. Am 2. Oktober 1776 trat Herder
sein Amt an. Im Februar 1776 richtete Goethe an ihn ein Begrü-
ßungsgedicht, in dem es unter Anspielung auf die runde Zahl der
weimarischen Geistlichen heißt:

Und wie dann unser Herr und Christ
Auf einem Esel geritten ist,
So werdet Ihr in diesen Zeiten
Auf hundertfünfzig Esel reiten.

Und das Gedicht schließt mit den Zeilen:

Und im Grund weder Luther noch Christ
Im mindsten hier gemeinet ist,
Sondern was in dem Schöpsengeist
Eben lutherisch und christlich heißt. [WA, I, 4, S. 206/207]

Als Johann Gottlieb Fichte, damals Professor in Jena, 1799 des
Atheismus bezichtigt wurde, richtete er an Goethes Amtskollegen
aus dem Geheimen Consilium, Christian Gottlob Voigt, am
22. März 1799 einen drohenden Brief, in dem es mit Anspielung
auf Herder heißt:

Die Frage, warum man einen Professor der Philosophie, der weit entfernt
ist, Atheismus zu lehren, zur Verantwortung zieht, und den Generalsuperintendent dieses Herzogtums, dessen publizierte Philosopheme über Gott
dem Atheismus so ähnlich sehen, als ein Ei dem anderen, nicht zur Verantwortung zieht, – diese Frage, die ich aus Diskretion nicht getan, wird näch-
stens ein anderer tun, wenn ich es nicht verbitte; und ich werde es sicher
nicht verbitten, wenn man noch einen Schritt gegen mich vorwärts tut.
[Fichte: Briefe, Leipzig 1962, S. 171–172]

Dieser Brief hat Fichtes Fortgang von der Jenaer Universität nur
beschleunigt. Goethe hat seine persönlichen Akten, die den Fortgang Fichtes aus Jena betreffen, später aus den Akten des Geheimen Consiliums zurückgefordert, so daß wir seine Haltung aus
Äußerungen in persönlichen Briefen und Gesprächen erschließen
müssen. Goethe hatte Fichtes vorgeblicher Atheismus nie gestört.
Er hatte sich in den „Venezianischen Epigrammen" und im „Tage-
buch" viel schärfer geäußert. Er hat die „Großheit" von Fichtes
Schriften gern anerkannt, nur hielt er noch 1823 in philisterhafter
Weise dessen Auftreten und Tonart für „nicht ganz gehörig". Der
sogenannte Atheismusstreit um Fichte warf Licht auf die weltanschaulichen Grundpositionen des Kreises um Goethe und Herder. Eine weltanschaulich-philosophische Analyse der Wirksamkeit dieses Kreises steht noch aus.
Wenn wir davon ausgehen, daß Weltanschauung Antwort vor
allem zu geben hat:
auf die Frage nach dem Ursprung der Welt und der Quelle unseres Wissens;
auf die Frage nach der Stellung des Menschen in der Welt;
auf die Frage nach dem Sinn des menschlichen Lebens und
auf die Frage nach dem Charakter der betreffenden historischen
Epoche und den Gesetzen des gesellschaftlichen Fortschritts,
so ergibt eine Analyse des Goetheschen Werkes, daß Goethe die
ersten drei dieser Grundfragen bürgerlich-materialistisch (im
Sinne von Marx' Thesen über Feuerbach) beantwortete. Dabei ist
Goethe sicherlich viel weniger kontemplativ als Feuerbach, und
seine Kritik des Christentums stellt die von Feuerbach stellenweise
fast in den Schatten. Selbstverständlich war er kein dialektischer
Materialist. Seine historische Epoche charakterisierte er nach seiner persönlichen Konfrontation mit der französischen Revolution
mehrmals in beachtenswerter Weise, so u. a. in der „Kampagne in
Frankreich", in dem interessanten kleinen, gegen den Berliner
Jenisch gerichteten Aufsatz „Literarischer Sansculottismus", der
1795 in den „Horen" erschien und ein erstes Wetterleuchten vor
dem Hagelschlag der „Xenien" darstellt, und im Vorwort zu
„Dichtung und Wahrheit". Der junge Novalis bezeichnete tadelnd
künstlerischen Atheismus als den vorherrschenden Geist von
Goethes Entwicklungsroman „Wilhelm Meisters Lehrjahre", den
Jacques d'Hondt in „Verborgene Quellen des Hegelschen Den-

kens" neben Mozarts „Zauberflöte" und Hegels „Phänomenologie des Geistes" zu den Werken jener Zeit rechnet, die Freimaurer-intentionen aller Art berühren.

Auch ein bürgerlicher Humanist wie Albert Schweitzer kam in einem Vortrag vom Juli 1932 zu einer Einschätzung von Goethes Weltanschauung, die einer marxistischen Beurteilung nicht entgegensteht. In Schweitzer verbinden sich bürgerlicher Humanismus und ärztliche Praxis mit kantianisch-religiös gefärbter Ethik. Doch sein Verhältnis, das er als Arzt zur Natur und Naturwissenschaft besitzt, ermöglicht ihm bemerkenswerte Einschätzungen der Goetheschen Weltanschauung. So schreibt er u. a. über Goethe:

Immer wieder kommt er zu seinem natürlichen Realismus zurück . . .
Sein Denken ist einfachste Naturphilosophie. Zur Wahrheit gelangt man, meint er, wenn man zur Natur nichts hinzudenkt, sondern ohne vorgefaßte Meinung an sie herantritt, sich in sie versenkt . . .
Er ist ein Denker, der Naturwissenschaft treibt. [37, S. 228, 231, 233]

Schweitzer kommt zu der Auffassung, Goethe habe bewußt auf ein spekulatives philosophisches System verzichtet. Seine Weltanschauung bestehe aus Aphorismen, die sich ganz natürlich zu einem Ganzen zusammenfügen. Abgesehen davon, daß Schweitzer aus Goethe (der doch oft genug streitbar war) einen „friedfertigen" Humanisten machen, ihn mit der kantianischen Ethik versöhnen möchte, sind die Gedanken des bürgerlichen Humanisten Schweitzer besonders bemerkenswert, denn sie stehen in striktem Gegensatz zu den Thesen aller übrigen Idealisten in der Einschätzung Goethes. Schweitzer betont aber zu sehr Goethes angebliche Versenkung in die Natur, während Goethe sich durchaus aktiv zu ihr verhielt und hervorhob, daß sie sich dem Hartnäckigen offenbare. Goethe *studierte* die Natur.
Selbst in marxistischen Arbeiten wird gewöhnlich ein Hinweis von Engels aus seiner Streitschrift gegen Grün zu wenig beachtet, der für eine marxistisch-leninistische Analyse der Goetheschen Weltanschauung sehr wesentlich ist:

Goethe war zu universell, zu aktiver Natur, zu fleischlich, um in einer Schillerschen Flucht ins Kantsche Ideal Rettung vor der Misere zu suchen; er war zu scharfblickend, um nicht zu sehen, wie diese Flucht sich schließlich auf die Vertauschung der platten mit der überschwenglichen Misere reduzierte. Sein Temperament, seine Kräfte, seine ganze geistige Richtung wiesen ihn aufs praktische Leben an . . . [2, S. 232]

Auch Lenin hat in seinen „Briefen über die Taktik" aus dem Jahre 1917 und in seinem Artikel „Wie soll man den Wettbewerb organisieren?" aus dem Jahre 1918 auf die wirklichkeitsbezogene und praktische Seite des Goetheschen Schaffens Bezug genommen und sie in konkreten geschichtlichen Situationen besonders betont. Hollitscher hebt völlig zu Recht hervor: „Das Kriterium der Praxis, der Bewährung in systematischer Versuchsreihe wurde von Goethe anerkannt und gelehrt." [Hollitscher: Die Natur im Weltbild der Wissenschaft, Wien 1965, S. 75]
Dies wird bestätigt durch eine Bemerkung Goethes aus „Über Kunst und Altertum", IV, 1827:

Also kommt wie bei der künstlerischen, so bei der naturwissenschaftlichen, auch bei der mathematischen Behandlung alles an auf das Grundwahre, dessen Entwicklung sich nicht so leicht in der Spekulation als in der Praxis zeigt; denn diese ist der Prüfstein des vom Geist Empfangenen, des von dem inneren Sinn für wahr Gehaltenen. Wenn der Mann, überzeugt von dem Gehalt seiner Vorsätze, sich nach außen wendet und von der Welt verlangt, nicht etwa nur, daß sie mit seinen Vorstellungen übereinkommen solle, sondern daß sie sich auch ihm bequemen, ihnen gehorchen, sie realisieren müsse, dann ergibt sich erst für ihn die wichtige Erfahrung, ob er sich in seinem Unternehmen geirrt oder ob seine Zeit die Wahrheit nicht erkennen mag. [WA, II, 11, S. 264]

Goethes soziale Haltung hat Thomas Mann in „Adel des Geistes" sehr treffend charakterisiert:

Seine Lebensfreundlichkeit äußert sich vor allem darin, daß, ungeachtet aller Verneinung des Politischen und alles erhaltenden Sinnes, der damit verbunden ist, nicht die kleinste Spur reaktionären Geistes bei ihm zu finden ist ... Er liebte die Ordnung, aber er stellte ausdrücklich in ihren Dienst den Verstand und das Licht und verachtete die Dummheit und Finsternis.

All diese weltanschaulichen Positionen, die besonders eng mit seiner naturwissenschaftlich-praktischen Tätigkeit zusammenhingen, hat Goethe vor allem in seinen Jugend- und Studienjahren selbst aktiv herausgearbeitet, nachdem er sich von den christlichen Auffassungen seiner Kindheit gelöst hatte. Bis in seine letzten Lebenstage hat er diese Positionen erstaunlich konsequent durchgehalten. Seine vielseitigen naturwissenschaftlichen Interessen haben ihn darin immer wieder bestärkt. Die eigene naturwissenschaftliche Forschungstätigkeit, beginnend mit den geologisch-mineralogischen Arbeiten (um 1770), über die Lehre vom

Licht und den Farben (seit 1790/1791, Interessen seit 1774, kulminierend in der großen Farbenlehre 1810), über die biologischen Arbeiten (seit 1784/1785) bis hin zu den meteorologischen Entwürfen und den mit der Förderung von Universitätsforschung, Bergbau und Wegebau verbundenen physikalischen und chemischen Interessen führten ihn zu einer naturwissenschaftlichen Arbeitsweise, der jede Spekulation fremd war, und zu einer nüchtern-aufgeschlossenen Haltung gegenüber der in Deutschland um 1782 beginnenden industriellen Revolution. Die Notwendigkeit umfangreicher wissenschaftsorganisatorischer Leistungen, die ihm seine Tätigkeit im Staatsdienst abverlangte, hat Goethes realistischen Sachverstand außerordentlich gefördert, der von der Leistung seiner Gesamtpersönlichkeit nicht zu trennen ist.

# Die naturwissenschaftlichen Interessen und Leistungen Goethes in den Jahren 1770–1810

## Zur Geologie und Mineralogie

Den Anstoß zur systematischen und vertieften Beschäftigung mit geologischen und mineralogischen Problemen erhielt Goethe vor allem durch seine politische Tätigkeit ab 1776 als Geheimer Rat (siehe S. 63) am weimarischen Hofe. Er war betraut mit zahlreichen Kommissionen, wie der Wegebaukommission, der Kriegskommission, der Bergwerkskommission u. a. Diesen Gremien oblag die Leitung und Umsetzung der vom Geheimen Consilium beschlossenen praktischen Aufgaben, was bei den Mitgliedern dieser Kommissionen detaillierte Sachkenntnis des jeweiligen Gebietes voraussetzte. Aus diesem Grunde sah sich auch Goethe schon bei der Übernahme der Leitung der Bergwerkskommission 1777 veranlaßt, ein intensives Studium geologisch-bergmännischer Fragen zu betreiben. Eine wichtige Wirkung hierbei hat auch die wissenschaftliche Tätigkeit der nahe gelegenen Bergakademie Freiberg auf Goethes mineralogisch-geologische Studien ausgeübt. Seine bis dahin nur sporadischen Interessen für Mineralogie und Geologie, die in der zweiten Hälfte des 18. Jahrhunderts von dem berühmten Freiberger Gelehrten Abraham Gottlob Werner als „Geognosie" – den Begriff Geologie hat er noch nicht gebraucht – zur eigenständigen wissenschaftlichen Disziplin entwikkelt wurde, erhielten jetzt wie keine seiner anderen naturwissenschaftlichen Studien ihre Motivation zur ausführlichen Beschäftigung eben aus dieser unmittelbaren praktischen Tätigkeit. Seine früheren Sympathien für geologisch-mineralogische Probleme waren wesentlich dadurch bestimmt, daß er in der im 18. Jahrhundert einsetzenden empirischen Erforschung der Erdgeschichte auch ihn interessierende weltanschauliche Aspekte erkannte. Denn die nun ermittelten Daten und empirischen Fakten waren Beweise für die Geschichtlichkeit der Erde und widersprachen der biblischen Schöpfungsgeschichte, die eine Frage des Glaubens war. Die umfangreichen Arbeiten Goethes zur Botanik, Zoologie,

Morphologie und Farbenlehre folgten zeitlich nach den geologisch-mineralogischen Studien. Die seit 1777 bestehende Bergwerks-kommission war eingesetzt worden, um den Kupferschiefer- und Silberbergbau bei Ilmenau wiederzubeleben, da man sich aus den Gewinnen eine entscheidende Verbesserung der zu dieser Zeit schlechten Staatsfinanzen des weimarischen Hofes erhoffte.

Die Förderung von Kupfer-, Silber- und Golderzen in der Umgebung von Ilmenau geht nachweislich bis auf das Jahr 1323 zurück, wo die Grafen von Henneberg und, als deren Geschlecht 1583 ausstarb, die Herzöge von Sachsen den Bergbau betrieben. Während des 30jährigen Krieges wurde die Förderung eingestellt. Im Laufe der Jahre hatten sich die Stollen mit Wasser gefüllt, und die Bergwerkskommission war vor allem vor zwei Fragen gestellt, die bei einer ökonomisch gewinnbringenden Wiederinbetriebnahme des Bergwerks zu entscheiden waren; zum einen war es die der Entwässerung und Trockenlegung der Schächte und zum anderen die nach der Art der Lagerstätten des Erzes, d. h., ob das abzubauende Erz als „Flöz" oder als „Gang" gelagert ist, eine für die Abbautechnik entscheidende Frage. Besonders das letztere Problem war es, das Goethe veranlaßte, sich mit der theoretischen Seite der Geologie zu befassen, da hierbei auch Wissen über die Entstehung der Erdrinde notwendig war.

Von bedeutendem Einfluß in dieser Phase des theoretischen Erfassens geologisch-mineralogischer Probleme waren dabei die geologischen Publikationen des deutschen Arztes und Geologen-Mineralogen Johann Gottlob Lehmann „Versuch einer Geschichte von Flöz-Gebürgen", Berlin 1756, und des Jenaer Mineralogen Johann E. I. Walch „Das Steinreich", Halle 1762. Auch der in Marienberg / Sa., Freiberg und Clausthal-Zellerfeld arbeitende F. W. H. v. Trebra, der 1785 eine der wichtigsten Arbeiten über den Erzbergbau des Oberharzes publiziert hatte, wurde für den Ilmenauer Bergbau gewonnen und übte eine nachweisliche Wirkung auf Goethes geologisches Denken und Handeln aus; mit Goethe verband ihn eine jahrelange Freundschaft seit ihrer ersten gemeinsamen geologischen Erkundungsfahrt durch den Harz (1783). Auf Anraten v. Trebras schickte Goethe Johann Carl Wilhelm Voigt – den jüngeren Bruder des weimarischen Ministers Christian Gottlob v. Voigt – zum Studium der Geologie und Mineralogie nach Freiberg an die Bergakademie. Goethe bestimmte in den „Instruktionen für den Bergbeflissenen J. C. W. Voigt 1780" die praktischen Aufgaben, die Voigt nach seinem Studium lösen konnte [LA, I, 1, S. 13–14].

Goethe studierte auch das in seiner Bibliothek vorhandene Buch Werners „Von den äußerlichen Kennzeichen der Fossilien", Leipzig 1774. Der Begriff „Fossilien" wurde im Unterschied zu heute für die Bezeichnung von Mineralien und Gesteinen insgesamt gebraucht. Zum vertiefenden Verständnis und zur gegenständlichen Repräsentierung seiner theoretischen Studien und Anschauungen legte sich Goethe eine eigene Gesteinssammlung an, die er bei sich zu Hause aufstellte, sie war eine der drei besten Sammlungen jener Zeit in Europa. Diese Sammlung war das Ergebnis unzähliger Reisen Goethes nach Thüringen, in den Harz, nach Karlsbad (Karlovy Vary), Italien u. a. Orten, auf denen er die dort vorkommenden Mineralien sammelte – oder auch geschenkt erhielt. In der Klassifikationsmethode schloß er sich der 1774 in dem erwähnten Buch von Werner gegebenen Systematik der Minerale an, der sie in Klassen eingeteilt hatte, nämlich die „erdigen Fossilien", die „salzigen Fossilien", die „brenzligen Fossilien" und die „metallischen Fossilien". Die Klassen wiederum wurden in Gattungen, Sippen und Arten gegliedert. Die Zuordnung der jeweiligen Mineralien erfolgte nach ihren „äußeren" und „inneren" Merkmalen. Diese Wernersche Systematik der Mineralien war zu jener Zeit besonders wertvoll für die Bergbaupraxis und hat ihm wissenschaftliche Anerkennung auch außerhalb der Grenzen des Landes gebracht. Diese sinnlich-gegenständliche Art der Klassifikation von Gesteinen entsprach auch hier Goethes Denkart, mittels der Sinne die Zusammenhänge und Erscheinungen der Natur empirisch zu erkennen; als methodologische Grundlage gilt ihm dafür seine morphologische Betrachtungsweise. Während seines Karlsbader Aufenthaltes 1807 wurde er mit dem dortigen Steinschleifer Joseph Müller bekannt, der für die Kurgäste die in der Umgebung vorhandenen Mineralien als kleine Sammlungen zusammenstellte und verkaufte. Goethe beriet Müller bei der Bestimmung der Mineralien und schrieb eine Art Katalog, der genaue geologische Angaben enthielt und der jeder Sammlung beigegeben wurde.

1779 veranlaßte Goethe unter Mitwirkung Justus Christian Loders den Herzog Carl August zum Ankauf des „Walchschen Naturalienkabinettes", das später mit der herzoglichen Kunstkammer in Jena vereinigt wurde und den Grundstein für das dortige mineralogische Museum bildete. Unter anderem hat Goethe mit diesen wissenschaftsorganisatorischen Entscheidungen viel zur Weiterentwicklung der Mineralogie insgesamt und besonders der in Jena getan. Mit seiner tatkräftigen Unterstützung und dem fachlichen Können des seit 1882 die Mineralogie in Jena mit Lehrauftrag vertretenden Johann Georg Lenz erlangte diese Disziplin ein hohes wissenschaftliches Niveau. Alle diese Unternehmungen, die mittelbar oder unmittelbar mit der Tätigkeit in der Bergwerkskommission verbunden waren, nahmen ihn voll in Anspruch, so daß Goethe am 11. Oktober 1780 an Johann Heinrich Merck schrieb:

Nun muß ich Dir noch von meinen mineralogischen Untersuchungen einige Nachricht geben. Ich habe mich diesen Wissenschaften, da mich mein Amt dazu berechtigt, mit einer völligen Leidenschaft ergeben und habe, da Du das Anzügliche davon selbst kennst, eine sehr große Freude daran.

Durch J. C. W. Voigt wurde Goethe mit der neptunischen Lehre Werners bekannt, wonach der Aufbau der Erdrinde im wesentlichen durch das Wirken des Wassers bewirkt werde, d. h., daß die Gesteine und Gebirge unter anderem durch Kristallisation aus wäßriger Lösung entstanden seien. Diese Auffassung, der Goethe sich in seinem gesamten Leben eher zuneigte, ohne sich ihr völlig anzuschließen, stand im scharfen Gegensatz zu der Lehre des „Vulkanismus", oder „Plutonismus", dessen herausragendster Wortführer der schottische Geologe James Hutton war, die besagte, daß die vulkanischen Kräfte der Erdrinde die heutige Gestalt gegeben hätten. Der wissenschaftliche Streit zwischen den Anhängern des „Neptunismus" und denen des „Vulkanismus" erregte im ausgehenden 18. Jahrhundert die gelehrte Welt; an ihm nahmen viele Naturwissenschaftler teil, denn dieser Streit implizierte nicht nur naturwissenschaftliche Debatten, sondern – wie so oft in der Wissenschaftsgeschichte – war auch von philosophisch-weltanschaulichen Entscheiden begleitet.
Historisch war der französische Gelehrte N. Desmarest der erste, der sich beim Studium basaltischer Säulen im Inneren eines Lavastromes in der Auvergne für eine vulkanische Deutung der Entstehung von Gesteinen aussprach (1765). Das dem Vulkanismus anhaftende, diskontinuierliche Moment erschien vielen Naturforschern des 18. Jahrhunderts zu „revolutionär", und sie lehnten

diese Vorstellung von der Entstehung der Gebirge, Mineralien
usw. vor allem aus diesem Grunde ab; zumal die sich daraus
ergebenden weltanschaulichen Konsequenzen auf der Hand lagen.
Der „Neptunismus" war die ältere Lehre von beiden und entstand
in der ersten Hälfte des 18. Jahrhunderts, wobei die offiziellen
Vertreter der Schöpfungslehre ihn wiederholt für sich in Anspruch
nahmen. Jedoch in der 2. Hälfte des gleichen Jahrhunderts war
diese Inanspruchnahme für die Religion, durch die aufklärerische
Bewegung dieser Zeit bedingt, nicht mehr wesentlich bedeutend
für die Naturforschung.
Der wissenschaftshistorisch bedeutsame Streit zwischen „neptunischen" und „vulkanischen" Deutungen der Erdgeschichte brach in
seiner ganzen Schärfe aus, als der Basalt als vulkanisch entstan-
denes Gestein bestimmt wurde; der Basalt war jener „Stein des
Anstoßes", den z. B. Carl v. Linné 1741 als ein Sedimentgestein
klassifiziert hatte und von dem auch Walch 1762 in seinem Buch
„Das Steinreich" angenommen hatte, daß Basaltsäulen als Kristal-
lisationen aus wäßriger Lösung entstanden seien. Viele Naturforscher vertraten weiterhin den „Neptunismus", weil sie die damit
verbundene Vorstellung einer evolutionär wirkenden Naturkraft
vorzogen, gegenüber dem mehr revolutionäre Naturkräfte bein-
haltenden „Vulkanismus". Auch bewirkte es die wissenschaftliche
Autorität von Werner, daß eine Zeitlang die „neptunischen" Be-
schreibungen überwogen. Die theoretischen Vorstellungen des
„Neptunismus" von Werner beruhten auf seinen Beobachtungen
und empirischen Erkundungen, die er im östlichen Teil des mittel-
deutschen Raumes gemacht hatte. Dieses geographische Gebiet
erwies sich jedoch als zu begrenzt, um für eine Verallgemeinerung
im Wernerschen Sinne hinreichend zu sein. Sie gaben letztlich ein
einseitiges Bild von den wahren geologischen Prozessen.
Die Auffassung von den vulkanischen Kräften geologischer Prozesse wurde zu Anfang des 19. Jahrhunderts vor allem von
Werners Schülern Alexander v. Humboldt, Leopold v. Buch und
J. C. W. Voigt vertreten. Humboldt z. B. wandte sich auf Grund
seiner Beobachtungen in Südamerika der vulkanischen Lehre zu.
Der wissenschaftliche Streit zwischen Voigt und seinem Lehrer
Werner um die Natur der Entstehung des Basaltes, also zwischen
„vulkanischer" und „neptunischer" Beschreibung, war ein Höhe-
punkt in der Auseinandersetzung dieser Zeit, der sich auch publi-

zistisch verfolgen läßt. In seinen letzten Lebensjahren sah sich auch
Goethe durch Gespräche mit Alexander v. Humboldt und durch
das Studium seines Buches „Über den Bau und die Wirkungskraft
der Vulkane in verschiedenen Erdschichten" (1823) veranlaßt, die
Auffassungen der vulkanisch bgründeten Geologie zu akzeptieren.
Festzuhalten ist, daß Goethe im Laufe seines eigenen wissenschaftlichen Entwicklungsprozesses seine Meinung zu diesem Streit
mehrmals änderte, aber selbstkritisch der Auffassung entsprach,
die ihn jeweils mehr überzeugte.
Durch die gemeinsame Arbeit mit J. C. W. Voigt wurde Goethe
mit der Problematik der geologisch-mineralogischen Systematik
und Terminologie zu dieser Zeit vertraut. Er versuchte nun selbst
geologische Termini präzise zu bestimmen und legte als Ergebnis
dieser Arbeit z. B. einen Artikel „Über den Granit" (1784) vor. In
dieser Schrift formulierte er den Gedanken, daß der Granit in der
Erdgeschichte historisch das älteste Gestein sei, und er betrachtete
ihn als den „ältesten, festesten, tiefsten, unerschütterlichsten Sohn
der Natur" [LA, I, 1, S. 58–59], als eine Art „Urgebirge" in ähnlicher Weise, wie er in der Farbenlehre von „Urphänomen" oder
in der Botanik von „Urpflanze" sprach. Dieser Charakteristik des
Granits entsprach auch die bergmännische Umgangssprache, die
ihn als die „Mutter des Erzes" bezeichnete. Damit ist dieser Artikel über den Granit nicht zufällig Goethes erste umfassende theoretische Arbeit über geologische Probleme.
Die Einschätzung Goethes, daß der Granit das älteste Gestein
sei, wurde von der geowissenschaftlichen Forschung widerlegt und
ist als überholt anzusehen. Goethe versuchte mit einer morphologischen Betrachtungsweise die geologischen Gesetzmäßigkeiten der
Bildung und Struktur dieses Gesteins zu erkennen. Diese Betrachtungsweise hat dabei aber nichts mit „reiner Anschauung" zu tun,
sondern Goethe erhoffte sich von der allgemeinen Kenntnis der
äußeren Gestalt, dem Verhältnis einzelner Teile des Gesteins zueinander, Bildungsgesetzmäßigkeiten zu erkennen. Hierher gehören auch Goethes klufttektonische Studien. Er blieb allerdings
mehr als bei den botanischen, zoologischen und Farbenstudien in
einer synthetisch-beschreibenden und klassifikatorischen Denkweise
befangen. Seine morphologische Betrachtungsweise geologischer
Probleme wurde durch die Wissenschaftsentwicklung überholt,
besonders durch die sich physikalischer und chemischer Metho-

den bedienende wissenschaftliche Geologie und Mineralogie. Spätestens seit Berzelius bewirkten gewichtsanalytische Methoden und daraus folgende chemische Klassifikationen der Minerale bis hin zur entstandenen Kristallographie einen Fortschritt in der Geologie und Mineralogie.

Hinsichtlich des Ursprungs des Granits folgte Goethe aber nicht völlig der neptunischen Lehre; er schrieb: „Aus bekannten Bestandteilen, auf eine geheimnisreiche Weise zusammengesetzt, erlaubt es ebensowenig seinen Ursprung aus Feuer wie aus Wasser herzuleiten." [LA, I, 1, S. 58]

Bei seinen Granitstudien im Harz 1784 begleitete ihn der Maler Georg Melchior Kraus, der auf Goethes Anweisung morphologisch besonders typische Felsengruppen zeichnete, wie z. B. die der Schnarcherklippen oder des Feuersteinfelsens bei Schierke, der Granitfelsen am linken Bodeufer oberhalb der Roßtrappe u. a. Auch von Goethe sind zahlreiche Zeichnungen von Granitblöcken erhalten. Der Artikel über den Granit war wahrscheinlich Teil für einen umfangreichen „Roman über das Weltall", den Goethe u. a. angeregt durch die Lektüre des Werkes „Über die Epochen der Natur" G.-L. de Buffons, verfassen wollte. Der Leitgedanke seines 1780 begonnenen Romans war die Betrachtung der Erde unter entwicklungsgeschichtlichem Aspekt, wobei die Bildung der Erde wesentlich neptunisch beschrieben wurde.

Das Wesentlichste in Goethes Artikel „Über den Granit" wie überhaupt in den theoretischen Arbeiten zur Geologie und Mineralogie ist der Entwicklungsgedanke; hier kam er zu interessanten theoretischen Fragestellungen. Besonders deutlich wird diese genetische Denkweise in dem Aufsatz „Zur Theorie der Gesteinslagerung" von 1785, in dem er hervorhob, daß „unsere Erde sich zu einem Körper bildete" [LA, I, 1, S. 96]. Und in dem Konzept „Bildung der Erde" schrieb er:

Auch hier ist eine genetische Betrachtung wünschenswert. Alles was wir entstanden sehen und eine Sukzession dabei gewahr werden, davon verlangen wir dieses sukzessive Werden einzusehen.

So wie die wahre Geschichte überhaupt nicht das Geschehene aufzählt; sondern wie sich das Geschehene auseinander entwickelt uns darstellt. [LA, I, 1, S. 310]

Auch die Bedeutung und den Wert von Fossilien, die Goethe selbst intensiv in der Umgebung von Weimar sammelte, erkannte

er für die entwicklungsgeschichtliche Betrachtungsweise der Erde.
Interessant ist seine Bemerkung über die Auffassung, die der Philosoph François-Marie de Voltaire den Fossilien beimaß. Dieser
sah z. B. in Muschelablagerungen als Folge neptunischer Prozesse
keine Fossilien, da das die kirchliche Vorstellung von einer Sintflut hätte belegen können, deren Lehre er vehement bekämpfte;
er sah Fossilien als „Naturspiele" an. In der Aufzeichnung über
eine Wanderung durch das Elsaß im Jahre 1770 bemerkte Goethe
dazu:

Da ich nun aber gar vernahm, daß er, um die Überlieferung einer Sündflut
zu entkräften, alle versteinten Muscheln leugnete und solche nur für Naturspiele gelten ließ, so verlor er gänzlich mein Vertrauen: Denn der Augenschein hatte mir auf dem Baschberge deutlich genug gezeigt, daß ich mich
auf altem abgetrockneten Meeresgrund, unter den Exuvien seiner Ureinwohner befinde. Ja! diese Berge waren einstmals von Wellen bedeckt; ob
vor oder während der Sündflut, das konnte mich nicht rühren. [LA, I, 1,
S. 2]

Bei der Beschreibung des Tempels Serapis zu Puzzuoli bei
Neapel, den Goethe während seiner ersten Italienreise im Mai
1787 besuchte, spielen Tierreste – hier sind es im Meerwasser
lebende Bohrmuscheln (Pholaden) – eine wichtige Rolle. Bei der
Besichtigung der drei noch vorhandenen Säulen des Tempels fiel
ihm auf, daß sie etwa in der Mitte von Bohrmuscheln angefressen
waren, was auch vorhandene Schalenreste belegten. Das Problem
war, wie sind diese Tiere dort hinaufgelangt? In seinem erstmals
1823 in den Heften „Zur Naturwissenschaft" publizierten Aufsatz
„Architektonisch-Naturhistorisches Problem" versuchte er eine
Beschreibung zu geben, die vor allem eine Absage an die Lehre
des Vulkanismus erkennen ließ. Goethe nahm an, daß sich auf
dem zeitweilig und teilweise verschütteten Tempel ein Teich aufgestaut hätte, in dem die Bohrmuscheln lebten. Nach der Ausgrabung, die 1752 begann, um für den Bau der Stadt Caserta
(„das Potsdam der Könige von Neapel") Marmor zu gewinnen,
seien dann die angefressenen Stellen sichtbar geworden. Der Fehler war jedoch die Annahme, daß Bohrmuscheln im Süßwasser leben. Goethe meinte mit dieser aktualistischen Methode die Denkvorstellung des Neptunismus zu stärken. Man weiß heute jedoch,
daß die Umgebung des Tempels durch eine lokale Senkung, die
ihren tiefsten Stand im 11. Jahrhundert hatte (danach bis zu Beginn
des 19. Jahrhunderts erfolgte wieder eine Hebung), zeitweilig unter

dem Wasser des Mittelmeeres stand, wodurch die Muscheln an den Säulen leben konnten.

Nach Goethes Rückkehr aus Italien – 1790 unternahm er die zweite italienische Reise, 1792/93 nahm er im Gefolge des Herzogs Carl August teil am Feldzug in Frankreich – widmete er sich nach wie vor dem Fortgang der Wiederinbetriebnahme des Ilmenauer Bergwerkes. Seit dem Jahre 1784, als mit dem Abteufen des neuen Johannes-Schachtes begonnen wurde, waren 12 Jahre vergangen. Während Goethe am 24. Februar 1784 seine Rede bei der Eröffnung des neuen Bergbaues zu Ilmenau vortrug, war noch nicht abzusehen, daß dieses Unternehmen mit einem Fehlschlag enden würde. Seit der Wiedereröffnung gab er auf verschiedenen „Gewerkentagen" in Ansprachen Rechenschaft ab über den Stand der Arbeiten. In der „Ansprache auf den Gewerkentag zu Ilmenau am 9. Dezember 1793" machte Goethe die zunehmend problematischere Situation des Bergbauvorhabens sichtbar. Er sagte dort unter anderem: „. . . und wenn wir mit Hindernissen zu kämpfen haben, so sind es diejenigen, die uns die Natur entgegengesetzt, welche zu überwinden der menschliche Geist seine Tätigkeit aufzuwenden berufen ist." Und bezüglich des weiteren Fortgangs der Bergwerksarbeiten meinte er:

Soviel läßt sich voraussehen, daß, da wir gegenwärtig, wie bei dem vorigen Gewerkentage, uns auf einem kritischen Punkte des Unternehmens befinden, eine deutliche Einsicht der Sache uns leiten wird, sichere und auslangende Hülfsmittel aufzusuchen und zu finden. Kamen uns damals, als wir die schon für unbezwinglich gehaltenen Wasser zu gewältigen standhaft unternahmen, die in den neueren Zeiten mehr ausgearbeiteten Kunstgriffe der Mechanik zu Hülfe, so wird uns ja wohl gegenwärtig die Chemie nicht verlassen, deren Wirkungskreis sich in den neueren Zeiten um so ein Merkliches erweitert. [LA, I, 1, S. 227, 229]

Das Scheitern des Ilmenauer Bergwerkes war jedoch nicht mehr zu verhindern, nachdem auch alle finanziellen Mittel erschöpft waren. Am 25. Oktober 1796 mußte schließlich die Wiedereröffnung des Bergwerkes aufgegeben werden, da durch Bruch des Martinrodaer Stollens gewaltige Wassermassen in den Schacht einbrachen, die eine weitere Arbeit unmöglich machten, und sich das Gestein als minderwertig erwies; ein besonders auch für Goethe schmerzliches Ereignis. Seinen letzten Geburtstag (28. 8. 1831) beging Goethe in Ilmenau, worüber er ein paar Tage später in einem Brief, datiert vom 4. 9. 1831, an Carl Friedrich Zelter berichtete und sich auch des gescheiterten Ilmenauer Bergbaues erinnerte. Er schrieb:

Sechs Tage ... war ich von Weimar abwesend und hatte meinen Weg nach Ilmenau genommen, wo ich in früheren Jahren viel gewirkt ... Nach so vielen Jahren war denn zu übersehen das Dauernde, das Verschwundene. Das Gelungene trat vor und erheiterte, das Mißlungene war vergessen und verschmerzt. Die Menschen lebten alle vor wie nach ihrer Art gemäß, vom Köhler bis zum Porzellanfabrikanten. [SN, S. 257]

Bis an sein Lebensende 1832 hat er sich intensiv mit geologischen Fragen beschäftigt. So entwickelte er auch die für seine Zeit neue Vorstellung von einer Eiszeit in der Erdgeschichte, womit er zu einem Vorläufer der 50 Jahre nach seinem Tode entstehenden Glaziologie wurde.

Relativ wenig bekannt ist auch Goethes Beitrag bei der Anfertigung geologischer Karten Deutschlands. In einer Rezension der „Geognostisch-Geologischen Karte Deutschlands", die 1821 vom Geographen Chr. Keferstein in Weimar herausgegeben wurde, bekannte sich Goethe gleichsam nochmals zu seinen geologischen Interessen:

Wenn ich gedenke, was ich mich seit fünfzig Jahren in diesem Fach gemüht, wie mir kein Berg zu hoch, kein Schacht zu tief, kein Stollen zu niedrig und keine Höhle labyrinthisch genug war, und nun mir das Einzelne vergegenwärtigen, zu einem allgemeinen Bilde verknüpfen möchte; so kommt mir vorliegende Arbeit ... sehr günstig zustatten ... Herrn Kefersteins Unternehmen, sobald die wohlgelungene Arbeit mir zu Augen gekommen, erregte meinen ganzen Anteil, und ich tat zu Färbung der geognostischen Karte Vorschläge. [LA, I, 2, S. 190–191]

Für die wissenschaftliche Praxis wurde diese Farbgebung geologischer Karten auf dem Internationalen Kongreß 1878 in Bologna bestätigt und ist bis heute gültig.

1803 übernahm Goethe als gewählter 3. Präsident die Leitung der auf seine Initiative von Bergrat Lenz 1796 gegründeten „Herzoglichen Sozietät für die gesamte Mineralogie zu Jena", die vor allem die Demonstrationssammlung für die Universität Jena betreute. Zu seiner Ehre wurde 1806 durch Lenz die Bezeichnung „Goethit" (Nadeleisenerz) in die wissenschaftliche Nomenklatur eingeführt.

In seinen letzten Lebensjahren verfolgte er noch genauso aufmerksam die Entwicklung der geologischen Probleme, und ein von dem schon genannten Anatomen Loder aus Moskau an ihn geschickter Koffer mit ausgezeichneten Mineralien aus Sibirien und dem Ural erfreute ihn außerordentlich.

Daß Goethe sich auch zur Seismologie geäußert hat, kann hier nur erwähnt werden.


## Zur Farbenlehre

Innerhalb der naturwissenschaftlichen Arbeiten und Leistungen Goethes nimmt seine „Farbenlehre" sowohl hinsichtlich ihres Umfanges als auch ihrer Bedeutung nach – wie Goethe selbst betonte – eine zentrale Stellung ein. Die „Farbenlehre" ist sein naturwissenschaftliches Hauptwerk. Er selbst schätzte seine naturwissenschaftlichen Arbeiten – wie er in hohem Alter in einem Gespräch mit Eckermann bekannte – sogar höher ein als seine poetischen. So meinte er:

Auf Alles, was ich als Poet geleistet habe ... bilde ich mir gar nichts ein. Es haben treffliche Dichter mit mir gelebt, es lebten noch Trefflichere vor mir, und es werden ihrer nach mir sein. Daß ich aber in meinem Jahrhundert in der schwierigen Wissenschaft der Farbenlehre der Einzige bin, der das Rechte weiß, darauf tue ich mir etwas zu gute, und ich habe daher ein Bewußtsein der Superiorität über Viele. (19. 2. 1829)

Das historische Schicksal seiner Farbenlehre hat diesem Bekenntnis aber nicht voll entsprochen.

Goethes Interessen und Beschäftigungen mit Farben und deren Wirkungen vor allem in der Natur und Malerei sind seit seiner frühesten Jugend an verfolgbar und entsprachen seinem universellen Streben nach allseitiger und umfassender Erkenntnis der Natur im weitesten Sinne. Äußerungen des Zehnjährigen sind erhalten, in denen er von Farberscheinungen spricht. Während seines Studiums der Rechte in Leipzig (1765–1768) belegte er auch physikalische Vorlesungen und Experimentalübungen bei Johann Heinrich Winkler. Im § 18 der Einleitung zur 1791 im Industrie-Comptoir zu Weimar erschienenen ersten zusammenhängenden Arbeit zur „Farbenlehre" unter dem Titel „Beiträge zur Optik" schrieb Goethe: „Durch den Umgang mit Künstlern von Jugend auf und durch eigene Bemühungen wurde ich auf den wichtigen Teil der Malerkunst, auf die Farbengebung aufmerksam gemacht..." [LA, I, 3, S. 12]

Das Problem der Farbengebung, das die Suche nach bestimmten Gesetzen für die Harmonie der Farben mit einschloß, war hierbei der wesentlichste Ausgangspunkt für Goethes intensivere Beschäftigung mit dem Problem der Farbgesetzmäßigkeiten und ihres Wesens, das er in den folgenden Jahren auf den naturwissenschaftlichen Problembereich ausdehnte.

Über die zu jener Zeit vorherrschende wissenschaftliche Meinung zur Natur des Lichtes schrieb Goethe im Kapitel „Konfession des Verfassers" des „Historischen Teils" der Farbenlehre: „Wie alle Welt war ich überzeugt, daß die sämtlichen Farben im Licht enthalten seien; nie war es mir anders gesagt worden, und niemals

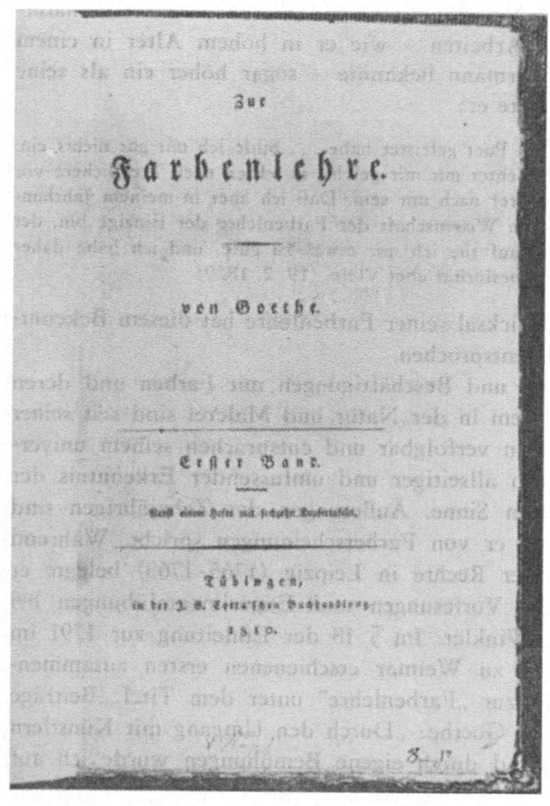

2  Titelblatt des Werkes „Zur Farbenlehre", 1810

hatte ich die geringste Ursache, daran zu zweifeln ..." [LA, I, 6, S. 417]

Als Neunzehnjähriger äußerte er in einem Brief vom 13. 2. 1769 an Friederike Oeser Gedanken zur Schönheit der Farben, die nicht Licht und Nacht, sondern Dämmerung sei. Hier ist ein Gedankenzusammenhang ausgesprochen, der sich später in seiner Farbenlehre wiederfinden wird. Beim Abstieg vom Brocken am 10. Dezember 1777 beobachtete er aufmerksam und beeindruckt die Erscheinungen farbiger Schatten im Schnee, die er später im 75. Paragraphen seiner „Farbenlehre" ausführlich diskutierte.

Den wesentlichsten Impuls zur endgültigen und systematischen Beschäftigung mit der Theorie der Farbe erhielt Goethe durch seine Eindrücke auf der ersten italienischen Reise (1786–1788), wie seine Briefe von 1787 bezeugen. Der Entschluß zu dieser Reise war wesentlich beeinflußt durch seinen persönlichen Konflikt mit den ihn immer mehr abstoßenden politischen und sozialen Verhältnissen und war ein Ausweichen vor denselben; was Engels 1847 zu der Bemerkung veranlaßte:

Goethe verhält sich in seinen Werken auf eine zweifache Weise zur deutschen Gesellschaft seiner Zeit. Bald ist er ihr feindselig; er sucht der ihm widerwärtigen zu entfliehen, wie in der „Iphigenie" und überhaupt während der italienischen Reise ... [2, S. 232]

Durch die besonders intensiven natürlichen Farbwirkungen der italienischen Landschaft beeindruckt und durch seine Interessen an der Malerei und Kunst des Altertums motiviert, stieß er immer wieder auf die Frage nach dem Wesen, der Entstehung und Wirkung der Farben. Wie sehr er von den farblichen Reizen dieser Landschaft angetan war, erfährt man aus der Schrift zur Farbenlehre von 1791. In beeindruckenden poetischen Worten schilderte Goethe die sinnlich-ästhetische Wirkung, die die Farbenfülle auf ihn ausübte und schrieb:

Eben so wird es uns, wenn wir eine Zeitlang in dem schönen Italien gelebt, ein Märchen, wenn wir uns erinnern, wie harmonisch dort der Himmel sich mit der Erde verbindet und seinen lebhaften Glanz über sie verbreitet. Er zeigt uns meist ein reines tiefes Blau; die auf- und untergehende Sonne gibt uns einen Begriff vom höchsten Rot bis zum lichtesten Gelb; ... Eine blaue Ferne zeigt uns den lieblichsten Übergang des Himmels zur Erde, und durch einen verbreiteten reinen Duft schwebt ein lebhafter Glanz in tausendfachen Spiegelungen über der Gegend ... Alles, was unser Auge übersieht ist so harmonisch gefärbt, so klar, so deutlich, und wir vergessen fast, daß auch Licht und Schatten in diesem Bilde sei. [LA, I, 3, S. 7]

Als Gesprächspartner in Italien fand er Maler und Künstler der in Rom lebenden deutschen Künstlerkolonie wie Johann Heinrich Wilhelm Tischbein, Friedrich Burg, Angelika Kauffmann, Heinrich Meyer, Karl Philipp Moritz u. a. Doch diese Unterhaltungen und das Lesen einschlägiger Literatur befriedigten ihn nicht, und er beschloß, nachdem er wieder nach Weimar zurückgekehrt war, selbständig ein auf Experimenten basierendes Farbenstudium durchzuführen. Seine dichterischen Ambitionen traten nun zeitweilig hinter die naturwissenschaftlichen zurück.

Goethe besorgte sich für seine farbphysikalischen Experimente die notwendigen Instrumente und wählte in seinem Haus geeignete, mit genügender Sonneneinstrahlung und Verdunkelungsmöglichkeiten ausgestattete Zimmer aus. Im Februar 1790 unternahm er die entscheidenden Versuche mit den von Hofrat Büttner aus Jena entliehenen Prismen, die jener von Goethe schon mehrmals vergeblich zurückgefordert hatte. Goethe schaute direkt, die Prismen vor das Auge haltend, gegen eine helle weiße Fläche und erwartete, so ein Farbspektrum zu sehen. Dieser entscheidende experimentell-methodische Fehler führte ihn im wesentlichen zu der sich in den folgenden Jahren kraß verstärkenden Polemik gegen die Lichttheorie von Isaac Newton. Newton ließ den durch einen schmalen Spalt eindringenden Lichtstrahl auf das im abgedunkelten Raum befindliche Prisma fallen. Dort wurde das Licht in seine Spektralfarben zerlegt und dergestalt an der Wand sichtbar. Goethe sah bei seinem Blick durch das Prisma nur an den Rändern der hellen Wand farbige Streifen.

Der Irrtum seiner physikalischen Interpretation der Farberscheinungen begann bei der falschen Annahme, den Newtonschen Grundversuch wiederholt zu haben, sowie der auf dieser Prämisse und dem, was er gesehen hatte, aufbauenden Meinung, daß Farben nur dort entstehen, wo Licht und Schatten aneinander grenzen. Er bestimmte diese Erscheinung als Einheit, bezeichnete sie als „Licht" und „Nichtlicht" bzw. „Finsternis" und sah in dieser polaren Einheit (Dualität) das „Identische" als Grundprinzip der Farbe. Die „polare Einheit" sah er überhaupt als ein Grundgesetz physikalischer „Elementarphänomene" an [LA, I, 3, S. 337]. „Licht und Finsternis führen einen beständigen Streit miteinander" [LA, I, 3, S. 14], schrieb er 1791. Diese Einheit als Grundprinzip der Farbe realisiert vermittels des sogenannten „Trüben"

das Entstehen der Farben. Das „Trübe" bezeichnete er ähnlich wie
in der Botanik die „Urpflanze" als „Urphänomen". Besonders die
Beobachtungen der atmosphärischen Farberscheinungen (Sonnen-
licht, Himmelsfarbe) haben ihn zum Begriff des „Trüben" ge-
führt, da hier die Farberscheinungen sehr oft durch atmosphärische Erscheinungen, wie Luftschichten, Nebel, Dunstschichten
u. a. beeinflußt werden. So wird denn auch die Beschreibung von
Himmels- und Sonnenfarberscheinungen durch Goethe oft bei der
Rekonstruktion seiner Farbtheorie herangezogen. Als „Urphänomene" bezeichnete Goethe allgemeinste gesetzmäßige Zusammenhänge, die bestimmten Erscheinungen der Natur eigen sind und
sich „dem Anschauen offenbaren" und „weil nichts in der Erscheinung über ihnen liegt". Bezüglich des Lichtes als „Urphänomen" schrieb er:

Ein solches Urphänomen ist dasjenige, das wir bisher dargestellt haben.
Wir sehen auf der einen Seite das Licht, das Helle, auf der andern die
Finsternis, wir bringen die Trübe zwischen beide, und aus diesen Gegen-
sätzen mit Hülfe gedachter Vermittlung entwickeln sich, gleichfalls in einem
Gegensatze die Farben, deuten aber alsbald durch einen Wechselbezug auf
ein Gemeinsames wieder zurück. [LA, I, 4, S. 71]

Die weitere Entwicklung der Naturwissenschaft zur Zeit Goethes,
hierbei insbesondere die Entdeckungen auf dem Gebiet der Elektrizität, des Magnetismus und der Chemie, bestärkten ihn in seiner
Auffassung, wobei er aber nicht versuchte, „das" Wesen des
Lichtes oder der Farbe zu beschreiben, sondern betonte:

Denn eigentlich unternehmen wir umsonst, das Wesen eines Dinges aus-
zudrücken. Wirkungen werden wir gewahr, und eine vollständige Geschichte
dieser Wirkungen umfaßte wohl allenfalls das Wesen jenes Dinges.

Und zusammenfassend erklärte er:

Die Farben sind Taten des Lichts, Taten und Leiden. In diesem Sinne können wir von denselben Aufschlüsse über das Licht erwarten. Farben und
Licht stehen zwar untereinander in dem genauesten Verhältnis, aber wir
müssen uns beide als der ganzen Natur angehörig denken: denn sie ist es
ganz, die sich dadurch dem Sinne des Auges besonders offenbaren will.
[LA, I, 4, S. 3]

In den folgenden Jahren – besonders während seiner zweiten
Italienreise 1790 – bis hin zum Erscheinungsjahr seiner umfang-
reichsten naturwissenschaftlichen Arbeit, des 1810 in Tübingen
bei Cotta veröffentlichten Buches „Zur Farbenlehre" (2 Bände und

ein 3. Band mit handkolorierten Kupfertafeln), die einen relativen Abschluß der Farbenstudien brachte, beschäftigte Goethe sich ausgiebig mit dem Problem der Farbe. Er experimentierte, sammelte Fakten und formulierte seine Farbtheorie im scharfen Gegensatz zu den Ansichten Newtons. Ein nicht zu unterschätzender wissenschaftshistorischer Aspekt bei der Einschätzung seiner Polemik gegen Newton war die Tatsache, daß z. B. gewisse von Goethe aufmerksam studierte atmosphärische Farberscheinungen mit Hilfe der Newtonschen Theorie noch nicht erklärt werden konnten.

Goethe legte auch großen Wert auf die Einschätzung seiner Farbenlehre durch bedeutende Naturwissenschaftler seiner Zeit. So sandte er einige seiner ersten Arbeiten zu Problemen der Farbtheorie an den Physiker Georg Christoph Lichtenberg, auf dessen Urteil er besonderen Wert legte. In einem Brief vom 11. Mai 1792 schrieb er an Lichtenberg:

Könnte es Ew. Wohlgeb. bekannt sein, wieviel ich Denselben in dem Studio der Naturlehre schuldig geworden, so müßten Sie es ganz natürlich finden, daß ich eine Gelegenheit ergreife Ihnen dafür Dank zu sagen. Die Achtung, die ich für Dieselben hege, läßt mich zugleich den lebhaften Wunsch empfinden, daß meine Beiträge zur Optik Ihnen nicht uninteressant scheinen mögen. [LA, II, 3, S. 53]

Beide Denker tauschten zahlreiche Briefe aus, in denen es um „optische Dinge" ging, wie Goethe an Schiller schrieb. Lichtenberg, der sich selbst mit dem Problem der farbigen Schatten befaßte, lehnte jedoch die Goethesche Farbenlehre ab und übernahm sie auch nicht in einer neuen Auflage seines physikalischen Lehrbuches, worüber sich Goethe bei Schiller in einem Brief beklagte. Zum Problem der Anerkennung einer wissenschaftlichen Theorie, einer Meinung äußerte sich Schiller in einem Brief vom 23. 11. 1795 an Goethe. Er formulierte dort die sehr bemerkenswerten Gedanken:

Es war nie anders und wird nie anders werden. Seien Sie versichert, wenn Sie einen Roman, eine Komödie geschrieben haben, so müssen Sie ewig einen Roman, eine Komödie schreiben. Weiter wird von Ihnen nichts erwartet, nichts anerkannt — und hätte der berühmte Herr Newton mit einer Komödie debütiert, so würde man ihm nicht nur seine Optik, sondern seine Astronomie selbst lange verkümmert haben ... Es liegt gewiß weniger an der Neuerung selbst, als an der Person, von der sie herrührt, daß diese Philister sich so dagegen verhärten.

Die Farbenlehre Goethes gliedert sich inhaltlich in drei Teile:
den „Didaktischen", den „Polemischen" und den „Historischen
Teil" („Materialien zur Geschichte der Farbenlehre").
Im zweiten, dem „Polemischen Teil" der Farbenlehre, setzte
Goethe sich mit der physikalischen Farbenlehre von Newton auseinander. Goethe las Newtons Werk „Optics, or a Treatise of the
Reflections, Refractions, Inflektions and Colours of Light" im
englischen Original und in einer lateinischen Übersetzung. In
dieser Arbeit publizierte Newton seine Auffassung über das Wesen
und die Natur des Lichtes, nämlich: daß das weiße Licht aus
farbigem Licht zusammengesetzt ist. Gegen diese Auffassung und
gegen das experimentelle Vorgehen Newtons, der den Lichtstrahl
durch einen engen Spalt zwang, richtete sich Goethes äußerst
vehemente Polemik. Er überschrieb sie mit: „Enthüllungen der
Theorie Newtons". Im Text formulierte er kritische Anspielungen,
die an Schärfe kaum zu überbieten waren. So sprach er von
„kaptiösen" und „taschenspielerischen" Versuchen bei Newton,
von „Taschenspielertricks", von „sophistischer Entstellung der
Natur" u. a. Es muß klar festgehalten werden, daß sich Goethe,
was den physikalischen Aspekt des Farbproblems anbetrifft, gegenüber Newton geirrt hat. Besonders Hermann v. Helmholtz hat
den Irrtum Goethes analysiert und mit dazu beigetragen, diesen
Streitfall zu klären. Entscheidend dabei ist, daß das physikalische
Problem nur einen Teil der Goetheschen Farbenlehre ausmacht,
die in ihrer Gesamtheit und Grundkonzeption durchaus naturwissenschaftlichen Ansprüchen gerecht wird.
Seine Farbenlehre ist weniger eine physikalische Theorie der
Beschreibung des Wesens des Lichtes, als vielmehr „eine Theorie
der Sinneswahrnehmung von Licht und Farben" [5, S. 21]. Die
Physik erklärt nicht, wie die Strahlung unterschiedlicher Wellen-
länge im menschlichen Auge in rot, blau und gelb umgesetzt wird.
Diese Frage ist Gegenstand der Sinnesphysiologie, und darauf hat
Goethe hingewiesen, was auch sein bleibendes Verdienst ist. Dies
ist umso bedeutender zu bewerten, als die eigentliche Natur, die
Physik des Lichtes zu der Zeit, als Goethe an seiner Farbenlehre
arbeitete, ein völlig ungelöstes Problem war; seine vorläufige, umfassende Lösung erfuhr es erst mit Maxwell (1865) und Heinrich
Hertz (1887). Um so wertvoller ist Goethes physiologischer Teil
der Farbenlehre, da es zu seiner Zeit weder eine Sinnesphysiologie

noch eine Sinnespsychologie gab – zwei unabdingbare Bestandteile jeder wissenschaftlichen Farbtheorie. Diesen Aspekt seiner Farbenlehre, der den Weg zu einer wissenschaftlichen Sinnesphysiologie bereitete, verbunden mit den umfassenden Gedanken, im Phänomen Farbe nicht nur ein physikalisches Problem zu sehen, sondern es auch als ein naturhistorisches, sinnlich-sittliches, technisch-produktives und vor allem auch philosophisch-weltanschauliches zu betrachten, gilt es herauszuheben. Man kann die Auseinandersetzung mit Goethes Farbenlehre nicht auf den Streit Goethe – Newton reduzieren [19, S. 83].

Im „Didaktischen Teil" legte Goethe seine Auffassung über die Entstehung, das Wesen und die Bedeutung der Farben dar. Er unterschied „Physiologische", „Physische", „Chemische" Farben, untersuchte die Wirkung der Farbe auf das „Sinnlich-sittliche" und ging im Kapitel „Nachbarliche Verhältnisse" auf die Beziehung der Farbtheorie zur Philosophie, Mathematik, Naturgeschichte, Tonlehre u. a. ein. Das „Allgemeine Ansichten nach innen" überschriebene Kapitel ist insofern interessant, da es der Versuch einer theoretischen Zusammenfassung der bis dahin ermittelten empirischen Erkenntnisse ist. Goethe bezeichnete diesen Abschnitt selbst als „Abriß einer künftigen Farbenlehre" [WA, IV, 4, S. 393].

Im „Didaktischen Teil" ist über die nur historische Bedeutung der Farbenlehre Goethes hinaus auch heute noch der Abschnitt über die Physiologie der Farbempfindung von bleibendem Wert. Mit dem Nachweis für das Entstehen von physiologischen Farben als farbigen Nachbildern und Ergänzungsfarben (Sukzessiv- und Simultanfarben) erweiterte Goethe die objektiven Erkenntnisse der modernen Naturwissenschaft. Die Beobachtung und Erkenntnis der Beziehung von Auge als biologischem Organ und Licht ist eine seiner bedeutendsten naturwissenschaftlichen Forscherleistungen. Es fällt besonders sein Bemühen auf, die Farbproblematik mittels biologischer Sachverhalte darzustellen und zu lösen. Stets betonte er die spezifische Funktion, die das Organ Auge bei der Entstehung, Empfindung und Wahrnehmung von Farben hat. In der Einleitung zum „Didaktischen Teil" betonte er:

Das Auge hat sein Dasein dem Licht zu danken. Aus gleichgültigen tierischen Hülfsorganen ruft sich das Licht ein Organ hervor, das seines Gleichen werde; und so bildet sich das Auge am Lichte fürs Licht, damit das innere Licht dem äußeren entgegentrete. [LA, I, 4, S. 18]

38

Mit der Betonung des physiologischen Moments beim Sehprozeß
hob Goethe das Farbproblem von der nur physikalischen Betrachtungsweise ab und gab ihm eine besonders für die Entwicklung
der Sinnesphysiologie im 19. Jahrhundert breitere Basis, an der
z. B. der Anatom und Physiologe Johannes Müller, der Physiologe
Jan E. Purkinje u. a. anknüpfen. Ein wesentlicher Gedanke bei
Goethes Beschreibung physiologischer Farben ist eben zweifellos
der, daß die Wahrnehmung der Farbe, des Farbtons nicht unmittelbar als physikalische Eigenschaft aufzufassen, sondern physio-
logisch bedingt und individuell verschieden ist. Die Erscheinungen
der Farbenblindheit, der Farbsehschwäche, des farbigen Ab-
klingens der Nachbilder, die Tatsache, daß Menschen das Farbspektrum verschieden sehen, belegen diese Feststellung. Eine Erkenntnis, die übrigens auch Newton machte und dazu bemerkte,
„daß, wenn er von ‚farbigen Strahlen‘ spreche, dies ‚nicht im
wissenschaftlichen (d. h. bei ihm im physikalischen – die Verf.),
sondern im volkstümlichen Sinne‘ gemeint sei“ [46, S. 164].
Goethe arbeitete diese Seite des Farbproblems besonders heraus
und stellte daher das Kapitel über die physiologischen Farben
an den Anfang der Farbenlehre. Er erklärte:

Diese Farben, welche wir billig obenan setzen, weil sie dem Subjekt, weil
sie dem Auge, teils völlig, teils größtenteils zugehören, diese Farben, welche
das Fundament der ganzen Lehre machen und uns die chromatische Harmonie, worüber so viel gestritten wird, offenbaren, wurden bisher als
außerwesentlich, zufällig, als Täuschung und Gebrechen betrachtet. [LA, I,
4, S. 25]

Die besondere Bedeutung des physiologischen Aspektes beim Sehprozeß unterstrich Goethe im Zusammenhang mit der Malerei.
Hier kommt es ständig vor, daß die in der Natur existierenden
Farben individuell unterschiedlich gesehen und wiedergegeben
werden. Die Arbeit der Maler werde dann als „unnatürlich ge-
tadelt“. Goethe stellte heraus: „Diese Phänomene sind von größ-
ter Wichtigkeit, in dem sie uns auf die *Gesetze des Sehens* hin-
deuten . . .“ [LA, I, 4, S. 42]
Unter „physischen Farben“ subsumierte Goethe vor allem jene
Farben, die im weitesten Sinne im Blickfeld der Physik stehen.
Er schilderte eingehend und ausführlich seine prismatischen Versuche, was für den Experimentator Goethe spricht. Goethes Verhältnis zum Experimentieren kommt auch in seiner 1791 erschie-

nenen Arbeit zum Ausdruck, in der er seine Motivierung, sich mit dem „physikalischen Theil der Lehre des Lichtes und der Farben" von Newton zu beschäftigen, darlegte.

Meine Pflicht war daher, die bekannten Versuche aufs genaueste nochmals anzustellen, sie zu analysieren, zu vergleichen und zu ordnen, wodurch ich in den Fall kam, neue Versuche zu erfinden und die Reihe derselben vollständig zu machen. [LA, I, 3, S. 10]

Sein Verhältnis zum Experiment war wesentlich dadurch gekennzeichnet, daß er stets dessen sinnlich-gegenständlichen Charakter betonte, als Mittler zwischen Subjekt und Objekt. Newtons Experimente, die Goethe als „Strahlenspalterei" bezeichnete, interpretierte er falsch, und deshalb lehnte er Experimente dieser Art und ihre methodische Ausführung ab. Seine eigenen Experimente, wie sie auch in der Farbenlehre aufgeführt wurden, beweisen sein positives Verhältnis zum Experiment. Poetisch drückte Goethe in den „Zahmen Xenien VI" seine Kritik am Newtonschen Experiment so aus:

Freunde, flieht die dunkle Kammer,
Wo man euch das Licht verzwickt
Und mit kümmerlichstem Jammer
Sich verschrobnen Bildern bückt ... [SN, S. 299]

Aber die viele Jahre in der Literatur anzutreffende Meinung, Goethe sei experimentell unexakt gewesen, ging am Wesen der Sache vorbei. Goethe lehnte das Experiment als wissenschaftliche Untersuchungsmethode nicht ab. Im Gegenteil, es war für ihn eine Form der Fragestellung an die Natur, die dem Menschen eine vertiefende Erkenntnis der Naturzusammenhänge ermöglicht.
Seine aus heutiger Sicht ungewohnte Beziehung zum Experiment beruht nicht so sehr auf einer Ablehnung oder oberflächlichen Handhabung empirisch-experimentellen Forschens. Sie beruht vielmehr auf seiner auch auf die empirische Forschungsarbeit übergreifenden weltanschaulich-theoretischen Grundhaltung der Natur, dem Menschen und der Wissenschaft gegenüber sowie auf seiner der sinnlich-gegenständlichen Anschauung verhafteten Methodik naturwissenschaftlicher Betrachtungs- und Erkenntnisweise.
Im Zusammenhang mit der Kritik an Goethes Verhältnis zum Experiment wird oft auch angeführt, daß er ein Gegner der Mathematik gewesen sei und daher dem abstrakt-mathematischen Denk-

stil Newtonscher Experimentierkunst ablehnend gegenüberstand.
Diese Kritik, die auf dem Boden dieser Art abstrakten Denkens
steht und es als *die* wahre Erkenntnismethode unterstellt, trifft
eben nicht den Kern des Goetheschen Denkstils. Einen klärenden,
aufschlußreichen und ironischen Gedanken zu diesem Vorwurf
sowie zu seinem Verständnis von Mathematik äußerte Goethe am
20. 12. 1826 Eckermann gegenüber:

Ich ehre die Mathematik als die erhabenste und nützlichste Wissenschaft,
so lange man sie da anwendet, wo sie am Platze ist; allein ich kann nicht
loben, daß man sie bei Dingen mißbrauchen will, die gar nicht in ihrem
Bereich liegen, und wo die edle Wissenschaft sogleich als Unsinn erscheint.
Und als ob alles nur dann existierte, wenn es sich mathematisch beweisen
läßt. Es wäre doch töricht, wenn jemand nicht an die Liebe seines Mäd-
chens glauben wollte, weil sie ihm solche nicht mathematisch beweisen
kann! Ihre Mitgift kann sie ihm mathematisch beweisen, aber nicht ihre
Liebe.

Dem Zeitgeist entsprechend suchte er den allgemeinen Zusammenhang in der Natur darzustellen, die Dinge und Erscheinungen in
ihrer sinnlich-gegenständlichen „Natürlichkeit" zu sehen. Nach
einem Jahrhundert der Mechanik, der Zergliederung, des Ordnens
und Sammelns kam es ihm, durch die Jenaer Naturphilosophie
zumindest angeregt, auf eine Bestimmung des allumfassenden
Gesetzmäßigen, des Verbindenden und Einigenden in der Natur
an. Mit Friedrich Wilhelm Schelling – dem geistigen und theoretischen Kopf der naturphilosophischen Schule in Deutschland und
zeitweilig besonders in Jena – stand er in persönlichem Kontakt
und teilte vor allem dessen „Polaritätsprinzip" in der Natur sowie
die Bemühungen, die Naturwissenschaften im Rahmen seiner alle
Naturbereiche umfassenden „Ideen einer Philosophie der Natur"
zu reformieren und zu einigen. Bezüglich der theoretischen Speku-
lationen Schellingscher Naturphilosophie ist Goethe nie der Naturphilosophie gefolgt, sondern bekannte sich stets zur lebendigen
Anschauung. Er schreibt in einem Brief an Schiller vom 21. 2. 1798:

In Schellings Ideen habe ich wieder etwas gelesen, und es ist immer merk-
würdig sich mit ihm zu unterhalten; doch glaube ich zu finden, daß er das,
was den Vorstellungsarten, die er in Gang bringen möchte, widerspricht,
gar bedächtig verschweigt, und was habe ich denn an einer Idee, die mich
nötigt, meinen Vorrat von Phänomenen zu verkümmern.

Goethe versuchte vor allem die realen Dinge im Entstehen und
Werden, in ihrer Gegensätzlichkeit zu sehen und nicht in ihrer

fertigen Gestalt. Den Gedanken der „Polarität“, der Gegensätzlichkeit von Naturerscheinungen in ihrer Einheit – eine spontan dialektische Einsicht – fand er bei seinen botanischen Studien (Entwicklungsmorphologie) bestätigt, und er ließ sich nun auch bei den farbtheoretischen Arbeiten von diesem Prinzip leiten und meinte, mit dem Begriff des „Trüben“, das sich aus den polaren Gegensätzen „Licht“ und „Finsternis“ wechselwirkend ergibt, das Farbproblem hinreichend erklärt zu haben. Die analytische Methode war ihm wesensfremd.

Diese auf den ersten Blick widersprüchlich erscheinende Haltung Goethes zum Experiment relativiert sich jedoch bei genauerer Anschauung seiner eigenen sehr umfangreichen Experimentalarbeiten und seiner erkenntnistheoretischen Einstellung zum Experiment. Nachdem er zu der Vorstellung, zum „Aperçu“ des „Trüben“ als der wesentlichen Ursache zur Erklärung der Farben gekommen war, betrieb er fleißig umfangreiche Experimente, die nicht nur die Wiederholung sämtlicher Newtonschen Farbversuche beinhalteten, sondern darüber hinaus eigene physikalische Farbexperimente, wovon die im Goethe-Nationalmuseum in Weimar erhaltenen Exponate ein beredtes Zeugnis geben.

Die andere Seite ist seine erkenntnistheoretisch-weltanschauliche Sicht des Experimentierens, in der er besonders die Notwendigkeit des sinnlich-gegenständlichen und anschaulichen Charakters der wissenschaftlichen Erkenntnis hervorhob.

Experimentalapparaturen, die nicht mehr der sinnlich-gegenständlichen Beobachtung entsprachen, stand er kritisch gegenüber, was er vielfach bekundete. So führte er in den „Maximen und Reflexionen“ aus:

Der Mensch an sich selbst, insofern er sich seiner gesunden Sinne bedient, ist der größte und genaueste physikalische Apparat, den es geben kann; und das ist eben das größte Unheil der neuen Physik, daß man die Experimente gleichsam vom Menschen abgesondert hat und bloß in dem, was künstliche Instrumente zeigen, die Natur erkennen, ja, was sie leisten kann, dadurch beschränken und beweisen will. [Zit. in 12, S. 38]

Goethes Grundauffassung und Methodik wissenschaftlichen Erkennens unterschied sich natürlich umsomehr von der sogenannten exakten Naturwissenschaft, je mehr diese in Bereiche vordrang, die unseren Sinnen vorschlossen sind, und je mehr diese abstrakter analytischer Methoden bedurfte. Daraus ist die bei Naturwis-

senschaftlern am Ende des 19. Jahrhunderts vielfach anzutreffende
ablehnende Haltung gegen Goethes Farbenlehre zu verstehen, wie
sie in Äußerungen z. B. von Emil du Bois-Reymond erkennbar ist.
Sehr deutlich formulierte du Bois-Reymond diese Meinung in
seiner 1882 gehaltenen Berliner Rektoratsrede „Goethe und kein
Ende", als er sagte, daß bei Goethe „neben dem Dichter der Naturforscher (verschwindet), und man sollte letzteren endlich ruhen
lassen", denn, seine Farbenlehre sei „die totgeborene Spielerei
eines autodidaktischen Dilettanten" [10, S. 25 u. 22].
Die wissenschaftshistorische Entwicklung hat diesem Urteil nicht
ganz entsprochen. Einer der wenigen Naturwissenschaftler jener
Zeit, die eine ausgewogene und dem Goetheschen Anliegen gerecht
werdende Einschätzung seiner naturwissenschaftlichen Arbeiten
gegeben haben, war Rudolf Virchow mit seinem Buch „Goethe als
Naturforscher" [43].
Interessanterweise kam Jahrzehnte später aus den Reihen der die
mathematisch-theoretische Methodik anwendenden Physiker – beginnend mit Max Planck (1913), Werner Heisenberg (1941), Max
Born (1962) u. a. – der Gedanke der kritischen Durchsicht und
der kritisch-positiven Hinwendung zur Goetheschen Farbenlehre
in ihren drei Teilen. Die Kontroverse Goethe – Newton bezüglich
des physikalischen Problems, die längst zugunsten von Newton
entschieden war, begann wissenschaftshistorisch an Bedeutung zu
verlieren, obwohl Tendenzen zur Reduzierung der Goetheschen
Farbenlehre auf diesen Teilaspekt bis in die Gegenwart reichen
und damit das Fehlurteil nähren, Goethe habe den Gang der
modernen, sich der unmittelbar sinnlich-anschaulichen Betrachtung
entfernenden Wissenschaftserkenntnis nicht verstanden. Aber eben
jene Vertreter der modernen Physik des 20. Jahrhunderts, die sich
mit den Problemen der Quanten- und Elementarteilchenphysik
beschäftigen, begannen für die Bewältigung ihrer Fragen in der
methodologischen Grundkonzeption der Farbenlehre Goethes eine
wertvolle weltanschaulich-erkenntnistheoretische Ergänzung für
ihre eigene Arbeit zu sehen. Besonders deutlich hat diese Ansicht
1941 Heisenberg in seinem Vortrag „Die Goethesche und die Newtonsche Farbenlehre im Lichte der modernen Physik" geäußert. Er
meinte, daß es nicht darum gehe, ob Goethes oder Newtons
Farbenlehre wahr sei, sondern:

Die beiden Theorien stehen an verschiedenen Stellen in jenem großen Gebäude der Wissenschaft. Sicher kann die Anerkennung der modernen Physik den Naturforscher nicht hindern, auch den Goetheschen Weg der Naturbetrachtung zu gehen und weiter zu verfolgen. [21, S. 69]

Goethes Erkenntnisprozeß wird mehr bestimmt vom Denken in qualitativen Kategorien, von den qualitativen Seiten der Naturanschauung, während der vorwiegend der abstrakten Methodik sich bedienende Erkenntnisprozeß wie z. B. der mathematische, das quantitative Moment in den Vordergrund stellt: beide tragen in ihrer sinnvollen Einheit zum wissenschaftlichen Erkennen bei.
Die besondere Herangehensweise Goethes an die Erforschung der Naturprozesse drückt sich bei ihm eben in seiner einheitlichen Darstellung der dichterischen und naturwissenschaftlichen Arbeiten aus – das eine ist ohne das andere nicht denkbar und nicht voneinander zu trennen.
Große Beachtung verdient der Abschnitt „Sinnlich-sittliche Wirkung“. Goethe formulierte hier ausführlich das Verhältnis von betrachtendem Subjekt und farblichem Objekt. Wesentliche Ansätze einer auch heute noch in der Diskussion befindlichen Farbästhetik und Farbpsychologie wurden von ihm entwickelt; hier formulierte er jene Fragestellungen, die ihn auf seinen italienischen Reisen überhaupt erst zur Beschäftigung mit Farben in diesem Sinne führten – nämlich die Farbgesetzmäßigkeiten in der Malerei.
Ans Ende seiner Farbenlehre stellte Goethe einen „Historischen Teil“. Dem Umfang nach ist dieser als 2. Band der 1810 edierten Ausgabe der stärkste. Hier wandte Goethe, gemäß seiner Methode, die Erscheinungen der Natur nicht als einzelne, isolierte, unabhängige, im Experiment getrennte Sachverhalte darzustellen, sondern sie im Werden, in ihrem Entstehen zu begreifen, die historische Betrachtungsweise mit poetischer Aussagekraft verbunden an.
„Um sich von der Farbenlehre zu unterrichten“, wandte er sich einleitend an den Leser, „mußte man die ganze Geschichte der Naturlehre wenigstens durchkreuzen, und die Geschichte der Philosophie nicht außer acht lassen“ [LA, I, 6, VII].
Keine moderne Geschichte der Farbenlehre wird an der Goetheschen vorbeigehen können, will sie nicht lückenhaft erscheinen; zumindest muß eine Auseinandersetzung mit ihr erfolgen. Den

44

Entwurf zur Geschichte der Farbenlehre hatte Goethe am 20. 1. 1798 an Schiller zur Begutachtung gesandt, worauf ihm dieser drei Tage darauf zurückschrieb, daß diese Geschichte „viele bedeutende Grundzüge einer allgemeinen Geschichte der Wissenschaft und des menschlichen Denkens..." enthält; eine auch für die heutige Methodologie der Wissenschaftshistoriographie wichtige Bemerkung [vgl. Kuhn, in: LA, II, 6, S. IX]. Goethes Geschichte der Farbenlehre war die umfassendste Darstellung aller bis dahin in der Wissenschaftsgeschichtsschreibung angestellten Bemühungen, das Phänomen Farbe zu beschreiben und zu erklären. Naturwissenschaftlich und weltanschaulich bedeutsam ist der Hinweis in [40], daß Goethe sich in der Traditionslinie von Lukrez zu Einstein im historischen Teil der Farbenlehre eingehend mit den optischen Hypothesen von Demokrit, Epikur und Lukrez beschäftigt hat.

Zu bemerken ist, daß Goethe in seinen letzten Lebensjahren versuchte, den Streit um die Newtonsche Auffassung beizulegen, worauf seine Anweisung schließen läßt, im Abschnitt „Newtons Persönlichkeit" des „Polemischen Teils" solche Bemerkungen, wie z. B. Newtons Arbeit sei „Falschmünzerei", in die nach seinem Tode vorgesehenen Auflagen der „Farbenlehre" nicht wieder aufzunehmen.

Gerade in Goethes naturwissenschaftlichem Hauptwerk ist das Bemühen zu erkennen, die Naturerscheinungen der Farbphänomene in sinnlich-anschaulicher Weise im großen Zusammenhang zu erfassen, sie nicht zu zergliedern. Er wollte damit auch der besonders im 18. Jahrhundert einsetzenden Tendenz des Ordnens, Klassifizierens und Analogisierens und der sich abzeichnenden wissenschaftlichen Disziplinierung, also der Herauslösung aus dem Zusammenhang, entgegenwirken. Goethes „Farbenlehre" ist als echte Alternative zur seinerzeit dominierenden Schellingschen Naturphilosophie für viele Jahrzehnte der letzte großangelegte Versuch, das gesamte Wissenschaftsgebäude in universeller Weise in seiner weltanschaulichen und erkenntnistheoretisch-philosophischen Einheit zu konzipieren – ein Versuch, dem die objektive Entwicklung der Produktivkräfte in bürgerlich-kapitalistischer Form widersprach. Aber dieses Wissenschaftsverständnis, die Natur als Ganzes in ihrem weltanschaulich-philosophischen und naturwissenschaftlichen Zusammenhang zu sehen, ist in der Ge-

genwart aktueller denn je. Und auch die sinnlich-anschauliche
Denkart im Goetheschen Sinne gewinnt wieder an Interesse. Zur
Einschätzung der Farbenlehre sei Max Born zitiert, der auf der
12. Tagung der Nobelpreisträger in Lindau (Juni 1962) folgendes
dazu ausführte:

Wir Physiker sind leicht geneigt, Betrachtungen dieser Art abzulehnen,
weil sie unserem Standpunkt logischer Durchsichtigkeit und Strenge nicht
genügen ... Aber wir sollten uns hüten, solche Kritik zu weit zu treiben.
Die physikalische und physiologische Betrachtung der Farben ist einfacher,
die Aussagen sind in einem höheren Grade objektiviert, aber sie sind doch
einseitig, sie geben nur einen engen Ausschnitt aus der ungeheuren Welt

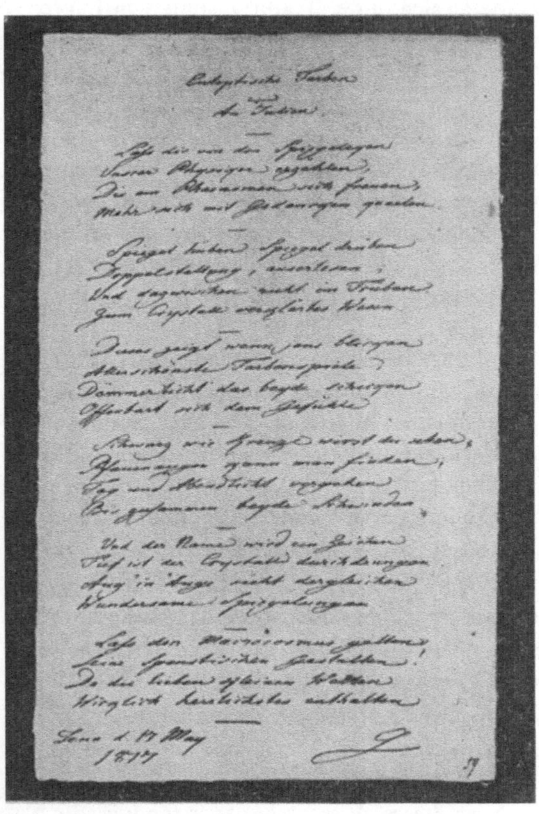

3 Handschrift des Gedichtes „Entoptische Farben"
(Goethe-Nationalmuseum, Weimar)

46

der lebenden Farben Man diskutiere diese Fragen nur einmal mit einem Maler, der in der Farbenwelt lebt und wirkt. Und hier haben wir zu lernen. Unsere naturwissenschaftlich-technische Zivilisation ist aufgesplittert in zahllose Gebiete, jedes mit großartigen Mitteln und vorzüglichen Experten, von denen kaum einer über die Grenzen seiner Spezialität herausschaut. Wir sollten an Goethe anknüpfen und an die, welche seine Gedankenwelt pflegen und fortführen ... wir sollten aber auch von ihm lernen, über den fesselnden Einzelheiten den Sinn des Ganzen nicht zu vergessen. [7, S. 39]

Goethes Farbenlehre wirkte auf viele zeitgenössische Philosophen und Naturwissenschaftler, so auf Hegel, Schopenhauer, Schiller, J. Müller und brachte ihn in persönlichen Kontakt zu Purkinje. Nachhaltigen Einfluß hatte sie auf die Farbtheorien der Maler Georges Seurat, Paul Signac, Philipp Otto Runge und vor allem Adolf Hölzel, Paul Klee, Johannes Itten und Wassily Kandinsky.

## Die biologischen Arbeiten

Goethes biologische Arbeiten werden hier biographisch-chronologisch dargestellt. Ein zusammenfassender Überblick über sie ist bis jetzt kaum jemals gegeben worden. Sie sind vielfältiger als gewöhnlich angenommen wird und betreffen nicht nur Pflanzenmorphologie und zoologische Anatomie, sondern gehen über die Grenzen von Botanik und Zoologie im engeren Sinne hinaus und berühren allgemein-biologische und biologisch-theoretische Fragen der damaligen Zeit.
Goethe hat auf diesem Gebiet die Notwendigkeiten jener Zeit erkannt und gemeinsam mit der sehr großen Zahl der seinerzeit tätigen Biologen am Ende des 18. und Beginn des 19. Jahrhunderts seinen persönlichen Beitrag zur Herausbildung der Biologie als eigenständige Disziplin eingebracht. In der biologiehistorischen Analyse der Zeit um 1800 Prioritätsfragen allzu scharf zu stellen, erweist sich dabei als wenig sinnvoll, wie z. B. der Streit um die Schädeltheorie zwischen Oken und Goethe eindrucksvoll zeigt. Bestimmte Probleme waren damals herangereift, und an ihrer Lösung arbeiteten meistens sehr viele Biologen gleichzeitig, häufig ohne voneinander zu wissen. Eine ausführliche Bewertung, die sich aus dem Stand der wissenschaftlichen Erkenntnis jener Zeit ergibt, kann nicht bei jeder der im folgenden behandelten

biologischen Arbeiten gegeben werden. Das würde den Rahmen dieses Bändchens sprengen. Goethes biologische Arbeiten betreffen zumindest folgende Gebiete und Probleme:

1. Entdeckung des aus zwei Knochen bestehenden „os intermaxillare" beim Menschen (1784). Die Priorität der Erstveröffentlichung gehört dem französischen Anatomen Felix Vicq d' Azyr (1784). Goethes Arbeit wurde 1820 gedruckt.

2. Erhalten ist ein Heft, dessen Umschlag von Goethes Hand den Titel trägt: „Infusionstiere". Die Beobachtungsnotizen und Zeichnungen betreffen (nach einer alten Benennung) Infusorien im engeren Sinne, Rotatorien und einen auf dem Boden von Binnengewässern lebenden, zur Ordnung der Ruderfußkrebse (*Copepoda*) und zur Gattung *Canthocamptus* gehörenden Kleinkrebs.

3. Die Auffassung von der Urpflanze als Modell der Samenpflanzen (1787), von Goethe 1807 auch als „vegetativer Typus" bezeichnet.

4. Die Metamorphose der Pflanzen, im März 1790 veröffentlicht. Dabei geht es um den Nachweis der Homonomie verschiedener Organe der Samenpflanzen (Homonomie = Strukturgleichheit verschiedener Organe eines Individuums). Den Begriff Metamorphose übernahm Goethe von Linné, gab ihm aber einen anderen Sinn. Bemerkenswert sind Goethes entwicklungsphysiologische Erklärungsversuche der Metamorphose. Die Priorität in der Auffassung von der Metamorphose der Pflanzen gehört C. F. Wolff. Eine zweite deutsch-französische Ausgabe von Goethes „Metamorphose der Pflanzen" erschien 1831.

5. Vorschlag eines zunächst, osteologisch, später auch anatomisch oder organisch genannten Typus als Modell der Struktur der Wirbeltiere (1790, 1795). Ungerer [41, S. 44] spricht davon, daß die Auffassung vom Wirbeltiertypus seinerzeit ihre praktische Fruchtbarkeit in einer mustergültigen Anatomie des Schläfenbeines erwiesen haben. Goethe spricht gelegentlich auch von einem „mammalischen Typus" und einem anatomischen „menschlichen Typus".

6. Formulierung der Hypothese über die Entstehung des Schädels der Vertebaten (Wirbelhypothese) aus umgebildeten Wirbeln (1790, 1806). Der Gedanke wurde von Goethe 1820 veröffentlicht. Die Erstveröffentlichung geschah unabhängig von Goethe 1807 durch Lorenz Oken. In der Biologiegeschichte gelten beide

gemeinsam als Urheber dieser Auffassung. Der seinerzeit, vor
allem von seiten Okens auch nach Goethes Tode sehr scharf ge-
führte Kampf um die Priorität der Auffassung von der Cephalogenesis bewies nur einmal mehr die Sinnlosigkeit von Prioritäts-
streitigkeiten für den Fortschritt der Wissenschaft. Die Wirbelhypothese des Schädels wurde erst in der zweiten Hälfte des
19. Jahrhunderts in wesentlichen Teilen durch modernere Auffassungen ersetzt. Th. H. Huxley und C. Gegenbaur formulierten (seit
1858/59) eine Hypothese über die völlige Neubildung des Verte-
bratenschädels. Heute gilt eine kombinierte Theorie beider Auffassungen. Nach heutiger Auffassung besitzen nur wenige Knochen des Wirbeltierschädels Skelettursprung, nämlich der sogenannte Kieferbogen (mit folgenden Knochen: Gaumenbein, Quadratbein, den drei kleinen Flügelbeinen, dem Dentale (das später
die Zähne trägt), dem Artikulare und dem sogenannten Winkel-
knochen) und der sogenannte Zungenbogen (mit dem Hyomandibulare, dem Symplektikum und dem Zungenbein). Die übrigen
Schädelknochen sind Neubildungen. Bei den höheren Wirbeltie-
ren, bei den Reptilien beginnend, werden das Hyomandibulare,
das Quadratbein und das Artikulare zu den drei kleinen Gehör-
knöchelchen Steigbügel, Amboß und Hammer des Mittelohrs, die
die Schwingungen des Trommelfells auf das Innenohr übertragen,
umgebildet.

7. Um 1792 unternahm Goethe den Versuch, eine allgemeine Vergleichungslehre zu entwerfen, von der jedoch nur die Einleitung
zustande kam und erhalten ist. Das zentrale Problem dieser Vergleichungslehre formulierte er später im Juni 1798 in der Elegie
„Metamorphose der Pflanzen" (zur Belehrung für Christiane
Vulpius geschrieben) in poetischer Form folgendermaßen:

Alle Gestalten sind ähnlich, und keine gleichet der anderen;
Und so deutet das Chor auf ein geheimes Gesetz,
Auf ein heiliges Rätsel. O könnt ich dir, liebliche Freundin,
Überliefern sogleich glücklich das lösende Wort!
[WA, II, 6, S. 140]

Goethe betrachtete Kunst, Naturwissenschaft und Industrie in
ihrer Wechselwirkung als Mittel zur Gestaltung des praktischen
Lebens.
In der Einleitung zur allgemeinen Vergleichungslehre sind Gedanken enthalten, die im Sinne einer scheinbar bestimmenden Rolle

der Umwelt der Organismen gedeutet wurden. Ähnliche Gedanken aus einer Arbeit Goethes aus dem Jahre 1795 [SN, S. 170] veranlaßten später Charles Darwin in der „Entstehung der Arten", Goethe in eine Reihe mit Erasmus Darwin, Lamarck und Etienne Geoffroy de Saint-Hilaire zu stellen.

8. Im Zusammenhang mit seinen anatomischen Arbeiten leistete Goethe einen Beitrag zur Begründung der Theorie des Homologisierens (Homologie = Strukturgleichheit der Organe verschiedener Organismengruppen, die auf gemeinsame Abstammung dieser Gruppen deutet). Er formulierte (1795) das Homologiekrite-

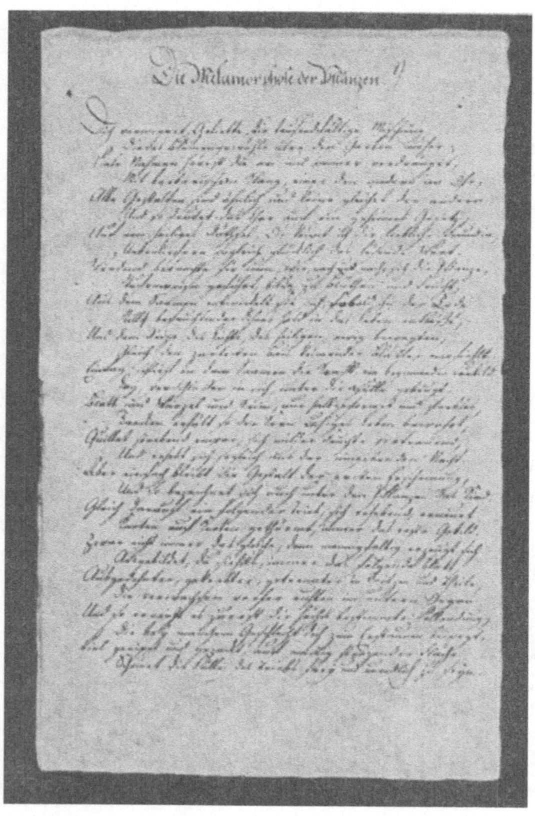

4 Handschrift des Gedichtes „Metamorphose der Pflanzen"
(Goethe-Nationalmuseum, Weimar)

rium der Lagebeziehung in folgender Form: „Dagegen ist das
Beständigste der Platz, in welchem der Knochen jedesmal gefunden wird...." [WA, II, 8, S. 43].

Ob er auch das Homologiekriterium der Übergangs- oder Zwischenformen bereits kannte, läßt sich definitiv schwer sagen.
Goethe hat bei der Bearbeitung des „os intermaxillare" Zwischenformen zum Homologisieren benutzt. Explizit formuliert hat er
ein solches Kriterium nicht. Lubosch behauptete 1918 im „Biologischen Zentralblatt": „Goethe und kein anderer ist der Begründer
der Homologielehre." [29] In der Literatur gilt jedoch allgemein
der englische Anatom und Paläontologe Richard Owen als Initiator der Homologiedefinition. Er führte 1848 unter Berufung auf
eine Arbeit von Geoffroy (1825) den Homologiebegriff ein. 1818
hatte Geoffroy seine „Theorie des analogues" und 1807 das „principe des connexions" formuliert. Homologisiert ohne Homologiebegriff wurde auch schon vor Owen, so z. B. 1838 durch Reichert.
Bljacher [6, S. 137] kam zu dem Schluß, daß Goethe und Geoffroy
der Formulierung des Homologiebegriffes sehr nahe waren und
als die wesentlichen Schöpfer der Homologielehre anzusehen seien.
So hat Luboschs These eine gewisse Berechtigung [43a].

9. Goethe formulierte 1795 das sogenannte Kompensationsgesetz
als ein „Gesetz des organischen Typus". Der Gedanke ist entlehnt von Daubenton, Rousseau, Herder, d' Azyr und J. H. Merck
(1786). Goethe beschrieb unter diesem Gesetz Zusammenhänge,
die bereits Aristoteles in seiner Auffassung über die Sparsamkeit
der Natur bei der Ausbildung der Organe des tierischen Körpers
in seiner Schrift über die Teile der Tiere dargestellt hat. Darwin
sah Goethe und Geoffroy als die beiden fast gleichzeitigen Begründer dieses „Gesetzes der Kompensation oder des Gleichgewichts des Wachstums" an. Er war der Meinung, daß beide die
Bedeutung dieses Gesetzes übertrieben, behandelte es aber selbst
ausgiebig an vielen Stellen. In der Tat haben beide, Goethe und
Geoffroy, dieses „Gesetz des inneren Gleichgewichts der Organe"
(balancement des organes) betont. Haecker sprach 1927 von einem
Kompensationsgesetz oder -prinzip [18, S. 34], und H. Petzsch hat
dieses Gesetz 1968 bei der Behandlung der Evolution der Katzenartigen herangezogen. Offensichtlich gibt es hier Beziehungen zu
den von J. S. Huxley und Bertalanffy dargestellten Gesetzmäßigkeiten des allometrischen Wachstums.

10. Im Sommer 1796 unternahm Goethe eine größere Untersuchung über die Einwirkung farbigen Lichtes auf das Wachstum der Pflanzen, zu einer Zeit, als er sich bereits intensiv mit der Farbenlehre befaßte. Derartige Untersuchungen sind heute von großem Interesse u. a. für die Botanik, speziell für die pflanzliche Stoffproduktion. Gewächshausversuche mit Pflanzen unter verschiedenfarbigen Folien zeigten differenzierte negative morphologische Wirkungen der verschiedenen Farben auf Pflanzen nicht nur der gleichen Art, sondern auch auf verschiedene Individuen einer Art und auf verschiedene Entwicklungsstadien einer Pflanze. Entgegen den Erwartungen scheint diffuses Licht gemischter Wellenlängen am günstigsten zu wirken. Das hat Bedeutung für die Gestaltung der Lichtverhältnisse in Gewächshäusern. Die gesamte Problematik ist noch nicht gründlich erforscht. Erste praktische Anwendungen sind heute im Gange.

11. Goethe betrieb Studien über die individuelle Entwicklung (Metamorphose) der Insekten. Erhalten sind vor allem zwei Hefte aus den Jahren 1796 bis 1798.

12. Die vergleichende Anatomie war bis zu Buffon und Blumenbach und teilweise auch noch bei Cuvier wesentlich im Hinblick auf die Funktion der Organe betrieben worden. Mit Vicq d' Azyr beginnend entwickelte sich, durch Kielmeyer angeregt, bei Goethe und Geoffroy eine neue Wissenschaft von der organischen Form. Sie erhielt durch Goethe (erstmals 1796 in einer Tagebuchaufzeichnung in Jena) den von ihm zuerst geprägten und geschichtlich durchgesetzten Namen „Morphologie", den der Mediziner Carl Friedrich Burdach unabhängig von Goethe im Jahre 1800 zuerst in einer Veröffentlichung gebrauchte.

Das Wesen der Morphologie liegt nach Goethe in der Betrachtung der organischen Formen unter dem Gesichtspunkt ihrer gegenseitigen gestaltlichen Beziehungen. Sie sollte nicht mehr nur Hilfswissenschaft der Physiologie sein. Goethe bezog in die Morphologie zumindest das ein, was wir heute etwa als Entwicklungsmorphologie bezeichnen würden und verstand unter Gestalt die innere Struktur. Bei Goethe heißt es:

Indem wir in der Morphologie eine neue Wissenschaft aufzustellen gedenken, zwar nicht dem Gegenstand nach, denn derselbe ist bekannt, sondern der Ansicht und Methode nach, welche sowohl der Lehre selbst eine eigne Gestalt geben muß als ihr auch gegen andere Wissenschaften ihren

Platz anzuweisen hat, so wollen wir zuvorderst erst dieses letzte darlegen und ihr Verhältnis zu den übrigen verwandten Wissenschaften zeigen, sodann ihren Inhalt und die Art ihrer Darstellung vorlegen.
Die Morphologie soll die Lehre von der Gestalt, der Bildung und Umbildung der organischen Körper enthalten; sie gehört zu den Naturwissenschaften, deren besondere Zwecke wir nunmehr durchgehen.

Und Goethe kommt dann zu dem Schluß: „... so wird es nunmehr Zeit sein, daß sich die Morphologie als eine besondere Wissenschaft legitimiert".

An anderer Stelle hat Goethe die Morphologie als Lehre nicht nur von der Gestalt, der Bildung und Umbildung der organischen Körper, sondern auch von ihrer Verschiedenheit definiert und damit ihren Zusammenhang mit der Vergleichungslehre angedeutet. Nach Goethes Auffassung will die Morphologie im Unterschied zur Physiologie „nur darstellen und nicht erklären" [WA, II, 6, S. 293, 298].

Interessant sind in diesem Zusammenhang Goethes Gedanken zum Begriff der Gestalt. Wegen ihrer Bedeutung sollen sie hier ausführlich wiedergegeben werden:

Der Deutsche hat für den Komplex des Daseins eines wirklichen Wesens das Wort Gestalt. Er abstrahiert bei diesem Ausdruck von dem Beweglichen, er nimmt an, daß ein Zusammengehöriges festgestellt, abgeschlossen und in seinem Charakter fixiert sei.
Betrachten wir aber alle Gestalten, besonders die organischen, so finden wir, daß nirgend ein Bestehendes, nirgend ein Ruhendes, ein Abgeschlossenes vorkommt, sondern daß vielmehr alles in einer steten Bewegung schwanke.
Daher unsere Sprache das Wort Bildung sowohl von dem Hervorgebrachten, als von dem Hervorgebrachtwerdenden gehörig genug zu brauchen pflegt.
Wollen wir also eine Morphologie einleiten, so dürfen wir nicht von Gestalt sprechen; sondern wenn wir das Wort brauchen, uns allenfalls dabei nur die Idee, den Begriff oder ein in der Erfahrung nur für den Augenblick Festgehaltenes denken.
Das Gebildete wird sogleich wieder umgebildet, und wir haben uns, wenn wir einigermaßen zum lebendigen Anschaun der Natur gelangen wollen, selbst so beweglich und bildsam zu erhalten, nach dem Beispiele mit dem sie uns vorgeht.
Wenn wir einen Körper auf dem anatomischen Wege in seine Teile zerlegen und diese Teile wieder in das, worin sie sich trennen lassen, so kommen wir zuletzt auf solche Anfänge, die man Similarteile genannt hat. Von diesen ist hier nicht die Rede, wir machen vielmehr auf eine höhere Maxime des Organismus aufmerksam, die wir folgendermaßen aussprechen.
Jedes Lebendige ist kein Einzelnes, sondern eine Mehrheit; selbst insofern es uns als Individuum erscheint, bleibt es doch eine Versammlung von le-

53

bendigen selbständigen Wesen, die der Idee, der Anlage nach, gleich sind, in der Erscheinung aber gleich oder ähnlich, ungleich oder unähnlich werden können. Diese Wesen sind teils ursprünglich schon verbunden, teils finden und vereinigen sie sich. Sie entzweien sich und suchen sich wieder und bewirken so eine unendliche Produktion auf alle Weise und nach allen Seiten.

Je unvollkommener das Geschöpf ist, desto mehr sind diese Teile einander gleich oder ähnlich, und desto mehr gleichen sie dem Ganzen. Je vollkommener das Geschöpf wird, desto unähnlicher werden die Teile einander. In jenem Falle ist das Ganze den Teilen mehr oder weniger gleich, in diesem das Ganze den Teilen unähnlich. Je ähnlicher die Teile einander sind, desto weniger sind sie einander subordiniert. Die Subordination der Teile deutet auf ein vollkommeneres Geschöpf. [WA, II, 6, S. 9–11]

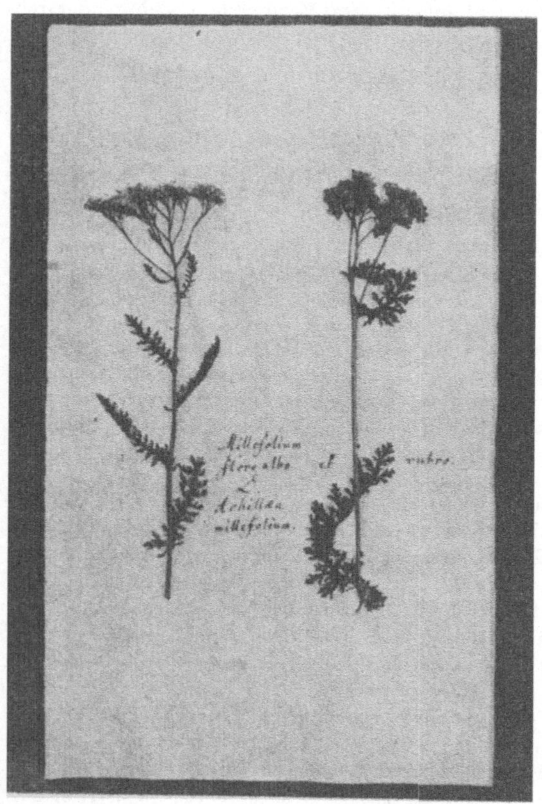

5  Herbarblatt „Schafgarbe" aus Goethes Herbarium
(Goethe-Nationalmuseum, Weimar)

An gleicher Stelle definierte Goethe Morphologie als „die Lehre von den Gestalten und ihren Wandlungen oder Metamorphosen".
13. Goethes Arbeit über die Spiraltendenz der Pflanzen (1827 bis 1829) wurde als letztes Kapitel der deutsch-französischen Ausgabe der „Metamorphose" 1831 gedruckt. Angeregt und beeinflußt wurden Goethes Gedanken durch K. F. P. von Martius (1827, 1828, 1828/1829). Das Ganze beruht auf Goethes Metamorphosenlehre.
Bekanntlich gibt es bei Pflanzen, Tieren und Mikroorganismen viele spiralige Strukturen, und auch das genetische Material hat eine Doppelhelixstruktur.
14. Schwierig und mit Vorsicht ist die Frage zu beurteilen, ob Goethe als Vorläufer der Deszendenztheorie zu gelten hat. Uschmann [42, S. 187, 192] will das, wie uns scheint mit einem gewissen Recht, nur insoweit gelten lassen, wie die Ergebnisse der vergleichenden Anatomie unentbehrliches Beweismaterial für die Deszendenztheorie darstellen. In dieser Hinsicht hat Cuvier genauso wie Geoffroy und in mancher Hinsicht auch Goethe zum Fortschritt der Wissenschaft beigetragen. Wenn Goethe im März 1832 im zweiten Abschnitt seines Aufsatzes über den Pariser Akademiestreit die Hoffnung ausdrückt, „... daß die genetische Denkweise, deren sich der Deutsche nun einmal nicht entschlagen kann, mehr Kredit gewinne..." [WA, II, 7, S. 214], so bleibt offen, was Goethe damit eigentlich gemeint hat, und ob er dabei möglicherweise an die seit Kants „Allgemeiner Naturgeschichte und Theorie des Himmels" sich verbreitende Denkweise dachte. Wenn Engels im „Ludwig Feuerbach" [4, S. 279] die Auffassungen Goethes und Lamarcks als geniale Vorahnungen der späteren Deszendenztheorie bezeichnet, so ist zu beachten, daß sein Gewährsmann in diesem Falle Ernst Haeckel ist, der ab 1866 Goethe neben Lamarck und Darwin zu den Begründern der Deszendenztheorie zählte, eine Einreihung, die sich in dieser betonten Einseitigkeit historisch als nicht gerechtfertigt erwies.
An den wenigen Stellen, an denen bei Goethe der Begriff „Evolution" vorkommt, gebraucht er ihn im ursprünglichen geschichtlichen Sinne (Auswickeln des Präformierten) im Gegensatz zu „Epigenesis". Ebenso diskutiert er die Konfrontation von „Evolutionisten" und „Epigenesisten" und versucht, beiden Standpunkten gerecht zu werden. Daneben kommen Begriffe wie „Ent-

6  A. J. C. G. Batsch (Kupferstich von A. Weise,
Goethe-Nationalmuseum, Weimar)

wicklung", „entwickeln", „Bildung", „Umbildung", „genetische
Behandlung" und „Verwandtschaft" etc. bei Goethe in seinen biologischen Arbeiten mehrfach vor. Wenn Konrad Lorenz [28, S. 319]
die von ihm anerkannte Definition der Evolution „Entwicklung
ist Differenzierung und Subordination der Teile unter das Ganze"
ohne weiteres in Form und Inhalt bereits Goethe zuschreibt, so
bleibt es fraglich, ob er nicht in Goethes biologische Arbeiten etwas mehr hineininterpretiert als in ihnen enthalten ist. Die Meinungen darüber, ob in Goethes biologischen Arbeiten die gedank-
liche Erfassung realhistorischer Entwicklungsprozesse bereits eine

56

entscheidende Rolle spielt, gehen extrem auseinander. Sie reichen von Haeckels enthusiastischer Bejahung bis zu der entschiedenen Behauptung jener Gruppe von Autoren, die von Goethes „idealistischer Morphologie" sprechen, Goethes Prozeßauffassung sei absolut zeitlos (z. B. [41, S. 46]).

Es dürfte heute feststehen, daß Goethe auf der Seite jener großen Zahl von Wissenschaftlern stand, die die Evolutionstheorie vorbereiteten. Das sind viel mehr, als gewöhnlich angenommen wird. Dieses Problem ist überhaupt wenig untersucht. Zu ihnen gehören auch Maupertuis, Linné, Clarke und Diderot. Beachtenswert ist die Tatsache, daß die Anfänge wissenschaftlicher Fragestellungen in der Paläobotanik in Goethes letzte Lebensjahrzehnte fallen (etwa seit 1804) und daß Goethe Pflanzenfossilien aus Steinkohlenbergwerken kannte und in ihrer Bedeutung durchaus richtig einschätzte, wie u. a. sein Brief an Zelter vom 4. September 1831 zeigt.


## Zur Meteorologie

Auch während der Arbeit an der Farbenlehre betrieb Goethe meteorologische Studien, die vor allem in seinen Tagebüchern und Korrespondenzen festgehalten sind. Die Beschäftigung mit witterungskundlichen Problemen war außerdem ein allgemeines Zeichen der Zeit, dem sich Goethe selbstverständlich nicht verschloß. Auf seinen Reisen ins Gebirge z. B. überdachte er bei der Betrachtung der natürlichen Farbenfülle des Himmels auch beiläufig witterungskundliche Probleme, wie die Entstehung und den Wechsel der Wolkenbildung, des Wetters, der Nebelbildung; nicht zuletzt trug dazu auch die Erfahrung bei, daß das Wetter auf den Menschen eine unterschiedliche Wirkung ausübt.

Besonders die Phänomene der Wolken- und Nebelbildung waren für ihn auch hinsichtlich seiner Farbenlehre wichtig, sah er doch hier einen jener Naturbereiche, die das „Trübe" hervorbringen, das seiner Meinung nach die Farben erzeugt.

Nach dem Abschluß der Arbeit an der Farbenlehre im Jahre 1810 widmete Goethe sich ausführlicher der Meteorologie. Dabei wurde er sehr durch das Studium des 1803 in London erschienenen Werkes „An essay of the modifications of clouds" des Engländers

L. Howard – einem Autodidakten auf dem Gebiet der Meteorologie – beeinflußt. Auf diese Arbeit machte ihn 1815 der Herzog Carl August aufmerksam, der einen Aufsatz des Physikers L. W. Gilbert in den von diesem herausgegebenen „Annalen der Physik und Chemie" gelesen hatte: Gilbert entwickelte in diesem Aufsatz eine naturgeschichtliche Darstellung der Wolkenbildung auf der Grundlage der Howardschen Theorie.

Howard hat die bis heute übliche Terminologie der Wolkenformen eingeführt, nämlich: Cirrus (Federwolke); Cumulus (Hau-

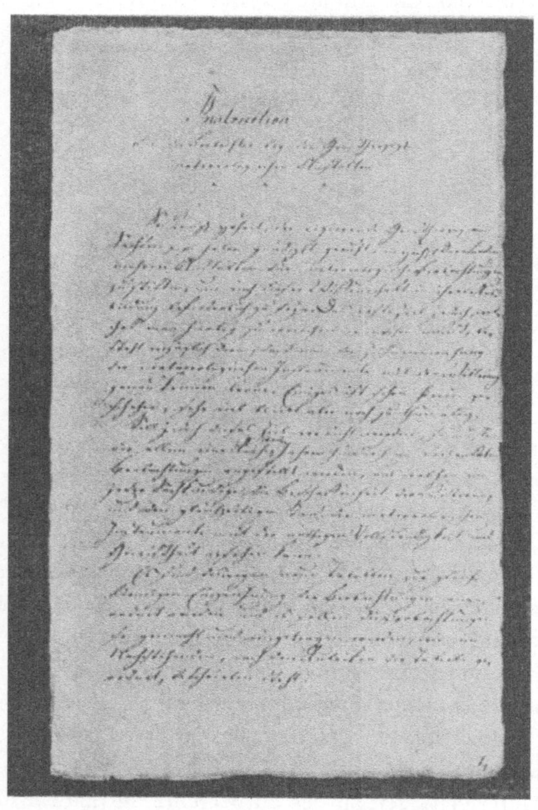

7 Handschrift (Schreiberhand) „Instruktion für die
Beobachter ... meteorologischer Anstalten", 1817
(Goethe-Nationalmuseum, Weimar)

fenwolke), Stratus (Schichtwolke) und Nimbus (Regenwolke).
Diese begriffliche Einteilung entsprach ganz der methodischen
Herangehensweise Goethes an die Naturerscheinungen; sein Bemühen ist auch hier ersichtlich, mittels einer morphologischen Ge-
staltwahrnehmung Gesetzmäßigkeiten der Wolkenformbildung zu
erkennen. Die Bedeutung, die er der Howardschen Terminologie
beimaß, wird in seinem 1820 publizierten Artikel „Wolkengestalt
nach Howard" ersichtlich, in dem er den wissenschaftlichen Wert
dieser Klassifikation herausstellte. Goethe bemerkte:

Ich ergriff die Howardische Terminologie mit Freuden, weil sie mir einen
Faden darreichte, den ich bisher vermißt hatte. Den ganzen Komplex der
Witterungskunde, wie er tabellarisch durch Zahlen und Zeichen aufgestellt
wird, zu erfassen oder daran auf irgendeine Weise teilzunehmen, war meiner
Natur unmöglich; ich freute mich daher, einen integrierenden Teil derselben
meiner Neigung und Lebensweise angemessen zu finden ... [LA, I, 8,
S. 74]

In dem Gedicht „Howards Ehrengedächtnis" (1821) reflektierte
Goethe die Wolkenformen in poetischer Weise – ein schönes Beispiel für die Einheit von Wissenschaft und Dichtkunst bei Goethe.

... Er aber, Howard, gibt mit reinem Sinn
Uns neuer Lehre herrlichsten Gewinn.
Was sich nicht halten, nicht erreichen läßt,
Er faßt es an, er hält zuerst es fest;
Bestimmt das Unbestimmte, schränkt es ein,
Benennt es treffend! – Sei die Ehre dein! –
Wie Streife steigt, sich ballt, zerflattert, fällt,
Erinnere dankbar deiner sich die Welt.
[Goethes Werke in 10 Bdn., Bd. 9, Weimar 1962, S. 214]

Goethe trat auch in brieflichen Kontakt zu Howard und ließ
dessen Biographie in deutscher Übersetzung abdrucken [LA, I, 8,
S. 287]. Die zwischen den Wolkengrundtypen vorkommenden
Übergangsformen wie Cirrocumulus-, Stratocumulus- oder Strato-
cirruswolken faßte Goethe als Beweis auf für eine Umwandlung
(Metamorphose) der Wolkengestalten. Er führte als Bezeichnung
einer Wolkenform den Terminus „Paries" (Wand) ein, der sich in
der Wissenschaft jedoch nicht durchgesetzt hat, da ihm objektiv
keine neue Wolkenform entsprach. In den Beobachtungen und
Aufzeichnungen der folgenden Jahre wandte Goethe die Howard-
sche Terminologie an.
Seit 1815 begann Goethe systematisch Daten über Wettervorgänge

zu sammeln, die er täglich aufzeichnete; auch auf seinen zahlreichen Reisen in den Jahren nach 1815 (z. B. im April 1820 nach
Karlsbad) fertigte er Aufzeichnungen über das Wettergeschehen
an. Die mit der Unterstützung des Herzogs Carl August einge-
richtete wetterkundliche Beobachtungsstation auf dem Ettersberg
bei Weimar lieferte Goethe wichtige empirische Daten; später –
etwa ab 1821 – wurden auf Vorschlag Goethes mehrere Beobach-
tungsstationen über das Herzogtum Sachsen-Weimar verteilt auf-
gebaut, dem ersten deutschen Land, das ein Netz von Wettersta-
tionen unterhielt. Als Anleitung für die Arbeit mit den Stationen
verfaßte Goethe eine „Instruktion für eine systematische Wetterbeobachtung" (1817). Aber schon kurz nach Goethes Tod mußten
die Stationen aus finanziellen Gründen geschlossen werden – ein
bezeichnender Umstand für die „Wissenschaftsförderung" des
weimarischen Herzogtums, das in diesen Arbeiten keinen unmittelbaren materiellen Nutzen sah. Die Idee zu den Beobachtungs-
stationen sowie deren Realisierung war eine Pionierleistung
Goethes und bleibt sein Verdienst.

Die inzwischen vorliegende Fülle von empirischem Beobachtungs-
material drängte Goethe zur theoretischen Verallgemeinerung.
Eine zusammenhängende theoretische Beschreibung witterungs-
kundlicher Fakten versuchte er in einem konzeptionellen Artikel
mit dem Titel „Versuch einer Witterungslehre" (1825); zu Lebzeiten konnte er sich zu einer Veröffentlichung nicht entschließen,
so daß diese Arbeit erst durch die Publizierung seines Nachlasses
bekannt wurde. Goethe war in der Veröffentlichung seiner Arbeiten eher zurückhaltend, als daß er der Öffentlichkeit eine Ansicht
vortrug, die ihn selbst noch nicht völlig überzeugte. So äußerte
er sich dann auch in einem seiner Gespräche mit Eckermann am
13. 2. 1829 über die Schwierigkeiten, die ihm die theoretische Darstellung meteorologischer Probleme bereitete:

Die Gegenstände der Meteorologie sind zwar etwas Lebendiges, das wir
täglich wirken und schaffen sehen, sie setzen eine Synthese voraus, allein
der Mitwirkungen sind so mannigfaltige, daß der Mensch dieser Synthese
nicht gewachsen ist und er sich daher in seinen Beobachtungen und Forschungen unnütz abmüht.

Diese eher resignierende Meinung Goethes widerspiegelt nicht
zuletzt jene Tatsache, daß sich die Wetterkunde zu dieser Zeit
noch im Stadium des Sammelns von empirischen Erkenntnissen

befand, die wir heute der Meteorologie zurechnen würden.
[24, S. 488].
Goethes Grundgedanke seiner Theorie der Witterungslehre besteht
darin, daß er den Wetterablauf mit der Anziehungskraft der Erde
zu begründen versuchte. Die unterschiedliche Stärke der Anziehungskraft sei – ähnlich dem Pulsschlag – am Barometerstand
erkennbar. Außerdem seien die Temperaturschwankungen, die
eine Ausdehnung und Zusammenziehung der Atmosphäre zur
Folge hätten, von wesentlicher Bedeutung für die Wetterbildung.
Goethe beschrieb diesen Zusammenhang so:

Hiernach werden also zwei Grundbewegungen des lebendigen Erdkörpers
angenommen und sämtliche barometrische Erscheinungen als symbolische
Äußerungen derselben betrachtet. Zuerst deutet uns die sogenannte Oszilla-
tion auf eine gesetzmäßige Bewegung um die Achse, wodurch die Um-
drehung der Erde hervorgebracht wird, woraus denn Tag und Nacht erfolgt ... Die zweite allgemein bekannte Bewegung die wir einer vermehr-
ten oder verminderten Schwerkraft gleichfalls zuschreiben, und sie einem
Ein- und Ausatmen vom Mittelpunkte gegen die Peripherie vergleichen;
diese darzutun haben wir das Steigen und Fallen des Barometers als
Symptom betrachtet.

Und an anderer Stelle heißt es weiter:

Eben so haben wir nun *Anziehungskraft,* und deren Erscheinung, *Schwere,*
an der einen Seite, dagegen an der andern *Erwärmungskraft,* und deren
Erscheinung, *Ausdehnung,* als unabhängig gegen einander übergestellt; zwischen beide hinein setzten wir die *Atmosphäre,* ... und wir sehen, je nachdem obgenannte beide Kräfte auf die feine Luft-Materialität wirken, das
wir Witterung nennen entstehen und so ... aufs mannigfaltigste und zugleich gesetzlichste bestimmt. [LA, I, 11, S. 262–263, 265]

Die Frage nach dem Wetterablauf suchte Goethe auch hier im
Sinne polarer, sich widerstreitender Seiten eines zusammenhängen-
den Ganzen zu beschreiben.
Die weitere Entwicklung der Meteorologie wurde von Goethes
Hypothese einer Pulsation der Erdschwerkraft nicht beeinflußt;
auch „andere Arbeiten Goethes zur Meteorologie, die zu seinen
Lebzeiten gedruckt worden sind, hatten unbedeutenden Einfluß
auf die Wissenschaft seiner Zeit" [25, S. 379].
Andererseits ist Goethe jedoch nicht mit dem Anspruch aufge-
treten – wie etwa mit der Farbenlehre – eine Kompetenz in der
Meteorologie zu besitzen. Neben vielen Anregungen, die er der
praktischen Wetterbeobachtung gegeben hat, ist der in seinen

Arbeiten zur Meteorologie erkennbare naturwissenschaftliche Materialismus bedeutsam und hervorzuheben. Auch hier bezog er weltanschaulich eine klare Position und trat, wie viele Naturwissenschaftler seiner Zeit, auch abergläubischen Ansichten vom Wirken übernatürlicher Kräfte im Wettergeschehen entgegen. 1825 schrieb er:

Daher wenn man auch die astrologischen Grillen als regiere der gestirnte Himmel die Schicksale der Menschen, verständig aufgab, so wollte er doch die Überzeugung nicht fahren lassen, daß wo nicht die Fixsterne doch die Planeten, wo nicht die Planeten doch der Mond die Witterung bedinge, bestimme ... Alle dergleichen Einwirkungen aber lehnen wir ab; die Witterungs-Erscheinungen auf der Erde halten wir weder für kosmisch noch planetarisch, sondern wir müssen sie nach unseren Prämissen für rein tellurisch erklären. [LA, I, 11, S. 245–246]

## Goethes Einfluß auf Wissenschaftsorganisation und Förderung der Produktivkräfte

Goethes Interesse an den Naturwissenschaften war nicht zuletzt auch auf deren praktische Nutzanwendung gerichtet. In dem thüringischen Kleinstaat Sachsen-Weimar waren seine Möglichkeiten naturgemäß begrenzt. Seine vielseitigen Interessen führten selbstverständlich dazu, daß er Anregungen vielfach außerhalb von Thüringen bezog und daß seine Ideen den ihm durch Sachsen-Weimar gesetzten Rahmen seines praktischen Wirkens oft weit überschritten.

Goethes Umwelt war im wesentlichen feudal, oft beschränkt und nicht selten rückständig. Manche herrschenden Fürsten in thüringischen und anderen Kleinstaaten – darunter auch der Weimarer Herzog Carl August – stellten sich aber bestimmten Ideen der Aufklärung nicht entgegen. Es lag in ihrem Interesse, die Entwicklung der Produktivkräfte und folglich die Anwendung der Naturwissenschaften zu unterstützen, soweit ihnen das möglich war. Im Zusammenhang damit regten sich auch in Sachsen-Weimar bürgerlich-antifeudale Kräfte, die für die Entwicklung der Wissenschaften und eine weltoffene Haltung eintraten und die Emanzipation des deutschen Bürgertums vorantreiben wollten. Zu ihnen gehörten manche Jenaer Professoren und Teile der Studentenschaft. Das Wirken dieser Kräfte mußte zu Kollisionen mit den politischen Interessen des Landesherren führen, der als Herrscher eines Kleinstaates auf die feudale Gesamtpolitik und Kräftekonstellation in Deutschland (und über dessen Grenzen hinaus) und auf seine Beziehungen zu anderen Feudalstaaten (z. B. zu Preußen) Rücksicht nehmen mußte. So war die Entwicklung der Naturwissenschaft vielfältig direkt und indirekt mit der gesellschaftspolitischen Situation verknüpft und von ihr abhängig.

Goethe mußte sich dieser oftmals heiklen und nicht selten konfliktgeladenen Situation bei seinen Bemühungen um die Naturwissenschaften und um die Jenaer Universität stellen und tat dies wohl entsprechend seiner humanistischen Grundhaltung, die er 1826 in dem bekannten Vierzeiler aussprach:

Manches Herrliche der Welt
ist in Krieg und Streit zerronnen.
Wer beschützet und erhält,
hat das schönste Los gewonnen.

Goethes Interesse an den Naturwissenschaften wurde mit bedingt durch seine Tätigkeit im Geheimen Consilium, dem beratenden Organ des Herzogs, in dem alle Fragen erörtert und erledigt wurden, deren Entscheidung dem Herzog vorbehalten war. Goethe war am 11. Juni 1776 zum Geheimen Legationsrat ernannt und am 25. Juni desselben Jahres in sein Amt eingeführt und vereidigt worden. Damit hatte er Sitz und Stimme in der höchsten Behörde des Landes. Am 5. September 1779 wurde er zum Geheimen Rat befördert. Goethe gehörte dem Geheimen Consilium auch nach seiner Rückkehr aus Italien (1788) nominell bis zu dessen Auflösung im Jahre 1815 an. Er wurde aber nur noch bei wichtigen Anlässen zur Mitwirkung herangezogen. Im Jahre 1815 würde ein Ministerium (als feudale Landesregierung) gebildet, und streng genommen war Goethe erst seit dieser Zeit Minister. Vor der ersten italienischen Reise mußte Goethe neben der gesamtstaatlichen Arbeit im Geheimen Consilium wiederholt amtliche Geschäfte in ständigen Kommissionen übernehmen.

Am 18. Februar 1777 wurde er in die soeben gegründete Bergwerkskommission berufen. Später überließ Goethe die Geschäfte nach und nach ganz C. G. Voigt. Sie haben sein Verständnis für die Finanzierung und Verwaltung wirtschaftlicher Unternehmen und seine geologisch-mineralogischen Studien gefördert (siehe den Abschnitt über die geologisch-mineralogischen Arbeiten).

Am 5. Januar 1779 übernahm Goethe die Leitung der Kriegskommission, die sich vor allem mit den ökonomischen Fragen der Militärverwaltung beschäftigte. Goethe konnte die Verringerung des weimarischen Militärs zugunsten anderer Staatsaufgaben durchsetzen. Mit der ersten italienischen Reise gab er die Arbeit in dieser Kommission auf.

Am 19. Januar 1779 wurde Goethe die Wegebaudirektion übertragen, in der ihm die Leitung des Landstraßenbauwesens oblag. Nach der ersten italienischen Reise gab er die Arbeit in dieser Kommission auf, arbeitete aber weiter in der am 21. Oktober 1790 gegründeten Wasserbaukommission mit, deren Geschäfte 1803 wieder an die Wegebaudirektion übergingen.

Seit dem 11. Juni 1782 hatte Goethe die Leitung der Kammergeschäfte in Weimar inne, ohne daß er jedoch jemals Kammerdirektor oder Kammerpräsident gewesen ist. Seine Tätigkeit betraf nicht den Staatshaushalt (Etat), sondern aus dem Rahmen des Etats herausfallende bedeutendere finanzielle Angelegenheiten. Goethe hat daher auch keine Verfügung der Kammer unterschrieben, und seine Stellung in der Kammer deckt sich im wesentlichen mit seinen Funktionen für Finanzfragen im Geheimen Consilium.

Vor der ersten italienischen Reise arbeitete Goethe noch in der am 6. Juli 1784 eingesetzten Ilmenauer Steuerkommission, aus der er sich seit 1805 zurückzog. Jedoch noch bei ihrer Auflösung am 2. Januar 1818 wurde er ehrenvoll neben C. G. Voigt genannt.

Mit Beginn der ersten italienischen Reise (1786–1788) zog sich Goethe aus Kriegskommission und Kammer völlig zurück. Er führte nach dieser Reise nur die Ilmenauer Angelegenheiten in der Bergwerkskommission und der Steuerkommission weiter. In der Wasserbaukommission behielt er ein Teilgebiet der früheren Arbeit in der Wegebaudirektion bei und half gelegentlich noch im Geheimen Consilium mit. Nach der italienischen Reise umfaßte Goethes amtlich-organisatorisches Wirken im wesentlichen den Bereich von Kunst und Wissenschaft, was seiner Veranlagung und Neigung entsprach.

Die organisatorischen Leistungen Goethes für die wissenschaftlichen und künstlerischen Einrichtungen in Weimar und Jena reichen bis in seine letzten Lebenstage. Sie begannen vor der ersten

64

italienischen Reise mit der Erledigung einzelner derartiger Fragen, die ihm schon zu dieser Zeit als Mitglied des Geheimen Consiliums gelegentlich übertragen wurde.

Seit 1779 beschäftigte er sich mit der Einrichtung und Beaufsichtigung eines Naturalienkabinetts in Jena. Seit 1780 hatte er sich mit dem Ankauf der sogenannten Büttnerischen Bibliothek aus Göttingen für Jena zu befassen. Seine Aufsicht über die sogenannte freie Zeichenschule in Weimar ist bereits vor 1786 nachweisbar. Nach 1788 nahmen derartige Aufträge nach und nach organisierte Form an. Ab 1788 führte Goethe gemeinsam mit C. F. Schnauß bis zu dessen Tod 1797 die Oberaufsicht über das Zeicheninstitut und setzte sie dann allein fort. Am 20. Februar 1794 übernahm er mit C. G. Voigt nach vorangegangenen Sonderaufträgen die Kommission für das Botanische Institut in Jena. Beide übernahmen am 9. Dezember 1797 die zuvor von C. F. Schnauß geleitete Kommission für Bibliothek und Münzkabinett in Weimar und später auch für die herzogliche Bibliothek in Jena. Am 11. November 1803 erhielten Goethe und C. G. Voigt die Oberaufsicht über das Museum in Jena, das sich durch Zuwachs von naturwissenschaftlichen Sammlungen ständig erweiterte. Beiden wurde die Oberaufsicht über die am 21. April 1812 gegründete Sternwarte und die 1816 errichtete Tierarzneischule übertragen. Bereits 1809 erfolgte eine gewisse verwaltungsmäßige Zusammenfassung der bis dahin getrennten Einrichtungen.

Im Jahre 1815 bei der Auflösung des Geheimen Consiliums und der Bildung eines Ministeriums (was eine gewisse Anpassung der feudalen Verwaltungsstruktur an bürgerlich-kapitalistische Verhältnisse darstellt) wurde Goethe am 12. Dezember 1815 zum Staatsminister ernannt „in Betracht seiner ausgezeichneten Verdienste um die Beförderung der Künste und Wissenschaften und der denselben gewidmeten Anstalten" [AS. I. S. XIX]. Bei der Neuorganisation der Behörden des zum Großherzogtum erhobenen Landes und mit der Ernennung Goethes zum Minister wurde die „Oberaufsicht über die unmittelbaren Anstalten für Wissenschaft und Kunst in Weimar und Jena" neu geschaffen und Goethe als eigener Geschäftsbereich übertragen, in dem C. G. Voigt bis zu seinem Tode am 22. März 1819 weiter mitwirkte. Ihnen wurde am 31. Dezember 1815 Goethes Sohn August als Hilfe beigegeben.

In den letzten Lebensjahren Goethes war der Leibarzt Carl Vogel Assistent.

In der „Oberaufsicht" waren zusammengefaßt die Bibliotheken in Weimar und Jena, die mineralogischen, zoologischen, anatomischen und physikalisch-chemischen Kabinette, der Botanische Garten, die Sternwarte und die Tierarzneischule in Jena. Den Botanischen Garten begründete Goethe 1794 gemeinsam mit dem Botaniker A. J. C. G. Batsch, der auch dessen erster Direktor wurde. Der Garten wurde 1803–1806 durch F. J. Schelver und ab 1807 durch F. S. Voigt geleitet. In dieser Zeit kümmerte sich Goethe ganz besonders um die Belange des Gartens und wohnte in den Jahren 1817–1822 sogar vorübergehend dort. Am 7. Oktober 1817 kam zur „Oberaufsicht" noch die Leitung der – wie es hieß – bei der Universitätsbibliothek zu treffenden neuen und besseren Einrichtungen hinzu.

Goethe wandte sich besonders aufmerksam der Betreuung der Universität in Jena zu. Er beeinflußte die Entwicklung der naturwissenschaftlichen Disziplinen an der Universität und die Spezialisierung der Fakultäten. Unter Mitwirkung des Professors für Physik L. J. D. Suckow setzte sich Goethe für die Neuaufteilung der wissenschaftlichen Ordinariate ein, die dem Entwicklungsstand der Wissenschaften besser entsprach und die alte beengende Universitätsordnung sprengte. Die Mineralogie wurde aus der Physik herausgelöst. Anfang der 80er Jahre des 18. Jahrhunderts wurde in Jena J. G. Lenz ein Lehrauftrag für Mineralogie erteilt, und 1789 wurde die Chemie unter J. F. A. Göttling selbständiges Lehrfach. Im Jahre 1792 wurde die erste Professur für Botanik geschaffen, die nicht mehr zur medizinischen Fakultät gehörte. Der erste selbständige Vertreter der Botanik in Jena war A. J. C. G. Batsch. Physik und Mathematik blieben dagegen miteinander gekoppelt. Goethe, der das als ungerechtfertigt erkannte, konnte die Kopplung beider als Lehrfach dennoch nicht aufheben.

Im Jahre 1783 erhielten die Sammlungen in Jena durch den Ankauf der o. g. Bibliothek des Göttinger Universitätsprofessors Ch. W. Büttner einen bedeutenden Zuwachs. Büttner war nach Jena übergesiedelt. Er beschäftigte sich mit Naturgeschichte und Chemie und besaß eine Sammlung physikalischer und chemischer Apparate. Goethe verdankte ihm manche Anregung.

Unter den naturwissenschaftlichen Fächern spielte für Goethe die

Chemie schon seit seiner Studienzeit in Straßburg eine besondere Rolle. Aus anfänglicher Beschäftigung mit Alchimie erwuchs allmählich ein anhaltendes Interesse an der Entwicklung der wissenschaftlichen Chemie und deren praktischer Anwendung. Seine chemischen Interessen fanden künstlerische Widerspiegelung in solchen Dichtungen wie „Der Großkophta", „Cagliostros Stammbaum" und im „Faust". In Weimar wurden Goethes chemische Interessen erneut angeregt durch seine wissenschaftspolitischen Sonderaufträge und die Erfordernisse der Universität. Bereits in den 80er Jahren ordnete Goethe die Einrichtung eines chemischen Laboratoriums im Jenaer Schloß an. Es wurde eingerichtet mit Geräten aus Nachlässen Wiedeburgs und Büttners. Zur vorläufigen Vervollständigung erwarb der Herzog für 100 Taler die Laboratoriumseinrichtung des Bergrates A. v. Einsiedel. J. F. A. Göttling, der in Göttingen studierte, erhielt auf Veranlassung Goethes die Mittel für dieses Studium und wurde 1789 Professor der Chemie in Jena. Er führte viele chemische Untersuchungen für Goethe durch und nahm ihn auch auf seinen Exkursionen mit.

Besonders aktiv wurde Goethes Wirken für die Chemie in Jena durch seine enge, freundschaftliche Zusammenarbeit mit Johann Wolfgang Döbereiner, der seit 1810 nach Göttlings Tod in Jena Chemie und Technologie lehrte und 1819 ordentlicher Professor wurde. Er gehörte zu den führenden Chemikern seiner Zeit. Döbereiner beriet und unterstützte Goethe in chemischen und anderen naturwissenschaftlichen und praktischen Fragen [15, I, S. 414–417], und Goethe unterstützte Döbereiner im privaten Bereich und im wissenschaftlichen Wirken vor allem materiell, soweit es ihm irgend möglich war, regte ihn aber auch zu wissenschaftlichen Untersuchungen an. Seit dem Wintersemester 1820/21 hielt Döbereiner in Jena ein „chemisch-praktisches Kolloquium" ab, lange, bevor Liebig in Gießen sein Laboratorium eröffnete. Damit übertraf Jena die anderen deutschen Universitäten.

Döbereiner mußte Versuche über Silizium- und Manganstahl anstellen, als Goethe bei seinen Quellenstudien zum „West-östlichen Divan" auf die gute Qualität des persischen Stahls aufmerksam wurde. Angeregt durch Fraunhofers optische Instrumente sollte Döbereiner Barium- und Strontiumgläser herstellen. Weitere Anregungen waren die Untersuchungen von künstlichen und natürlichen Mineralwässern, Projekte der Zuckergewinnung aus inländi-

schen Rohstoffen (Rüben- und Stärkezucker) und die Stickstoff-
düngung. Leitmotiv von Goethes Forschungen war die These:
„Mein Prüfstein auf alle Theorie bleibt die Praxis." Er selbst
unternahm sorgfältige, ins Detail gehende Versuche, um einem
geplanten Gedanken oder auch einer zufälligen Entdeckung auf
den Grund zu gehen. Wieviel wissenschaftliche Kleinarbeit steckt
allein in seinen chemischen Studien, bei denen er neben Versuchen
über verschiedenartige Metallfärbungen, Pflanzenfarbstoffe, über
die Erscheinungen der Phosphoreszenz und der Kristallisation
auch zum Beispiel die Beobachtung machte, daß in heiße Flam-
mengase gebrachte Metallsalze eine charakteristische Flammenfär-
bung erzeugen. Goethe besaß einen bemerkenswerten Weitblick
über alle Gebiete, der ihm auch außerhalb der deutschen Grenzen
nichts für den wissenschaftlichen Fortschritt Bedeutungsvolles
entgehen ließ. Was andere neu entdeckt hatten, wurde sogleich
„pro domo" ausprobiert. Das bedeutete eine wirkungsvolle Förderung der Wissenschaft in Jena.
Goethes vielseitiges Wirken für die Jenaer Universität bezog sich
vorwiegend auf die Naturwissenschaften. Goethe nahm zwischen
dem Herzog und der Universität eine Mittlerrolle ein und konnte
auf diese Weise manche wertvolle Leistung für die Universität
vollbringen. Dabei wurde er von vielen Helfern unterstützt. Die
organisatorische Tätigkeit Goethes als Beamter wirkte sich mehr
oder weniger stark als Hilfe bei der Entstehung einer ganzen Reihe
von Einrichtungen der Universität aus, so bei der bereits erwähnten Gründung und dem weiteren Ausbau des Botanischen Gartens,
der Bildung der Sozietät für die gesamte Mineralogie mit ihren
Sammlungen, der Umgestaltung der Anatomie, der Errichtung
einer geburtshilflichen Klinik und einer Hebammenschule, den
ersten Anfängen der medizinischen Klinik, dem Philosophischen
Seminar, den naturwissenschaftlichen Sammlungen und dem chemischen Laboratorium [15, I, S. 317]. Als die Universität im
Jahre 1803 durch den Fortgang einer Reihe namhafter Professoren
in eine Krise geriet, waren es vorwiegend Pläne Goethes, nach
denen man versuchte, die Universität zu retten und ihr wieder
Glanz zu verleihen.
Goethes Möglichkeiten waren aber begrenzt. So konnte er die
negativen Auswirkungen der Karlsbader Beschlüsse vom August
1819 auf die Universität nicht verhindern, als österreichischen,

russischen und preußischen Untertanen das Studium in Jena verboten wurde. Als ein Universitätskurator zur Überwachung eingesetzt werden mußte, bot der Herzog zuerst Goethe dieses Amt an. Durch die Auflösung der Burschenschaft verlor die Universität weitere Studenten. In der Folgezeit geriet sie in große Finanznot, die es unmöglich machte, größere Aufwendungen für neue Bauten zu machen und bedeutende Gelehrte von auswärts zu berufen.

Goethe beeinflußte drei Generationen Jenaer Chemieprofessoren – Göttling, Döbereiner und H. W. F. Wackenroder, der 1828 nach Jena berufen wurde, aber er stand auch mit anderen Chemikern in Verbindung, so mit Leopold Gmelin, Berzelius, Eilhard Mitscherlich und Ferdinand Friedlieb Runge. Letzterem gab er den Anstoß zur Darstellung des Koffeins, so wie er Döbereiner 1816 brieflich veranlaßte, aus der Manebacher Steinkohle Teer und Gas herzustellen, wobei Döbereiner das Wassergas fand.

Goethe verfolgte aber auch die Tätigkeit des Landwirtschaftswissenschaftlers Albrecht Thaer mit Aufmerksamkeit und Sympathie. Sein Interesse für die praktische Anwendung der Naturwissenschaften reicht von der Bekanntschaft mit den Physikern Georg Christoph Lichtenberg und Johann Wilhelm Ritter bis zur Besichtigung einer Dampfmaschine in Schlesien. Bei Chemie und Physik fand von vornherein die Anwendung ihrer Forschungsergebnisse in der Technik Goethes lebhafte Anteilnahme. 1784 beteiligte er sich an den Ballonversuchen des Weimarer Apothekers W. H. S. Buchholz und machte 1785 eigene Versuche. Später erregten neben der Dampfmaschine das Dampfschiff und zuletzt die Eisenbahn seine Aufmerksamkeit. Im Winter 1805/1806 legte er in Vorträgen die Fortschritte der Physik dar. Magnetismus, Elektrizität und Galvanismus standen dabei im Mittelpunkt. Mit Döbereiner hatte Goethe an der Ausnutzung der Schwefelquellen in Berka gearbeitet und den Grund zu dem heutigen Bade gelegt. Er hatte sich an dem Versuch einer Gasbeleuchtung für Jena beteiligt.

Goethes handschriftlich erhaltener Überblick „Naturwissenschaftlicher Entwicklungsgang" aus dem Jahre 1821 zeigt die Vielfalt seiner Untersuchungen und Interessen vor allem in der Physik, aber auch in der Chemie. Von Elektrizität und Blitzableiter, Farbentheorie und Regenbogen, von Untersuchungen über die Luft und von der französischen Chemie, von Galvanismus und Magnetismus ist darin die Rede ebenso wie von der Förderung durch Buchholz und Göttling und den Ballonversuchen.

Goethe näherte sich den ihn interessierenden naturwissenschaftlichen Fragen vor allem durch Literaturstudium und eigene Experimente, aber auch durch Meinungsaustausch mit Fachwissenschaftlern und ausgedehnte Exkursionen. Von letzteren sagte er in bezug auf seine mineralogischen Kenntnisse: „Was ich nicht erlernt habe, das habe ich erwandert." Er bildete sich durch direkte Besichtigungen ein eigenes Urteil über nahezu alle Industriezweige seiner Zeit. Er besuchte Kohlengruben, Bergwerke, Glashütten, Eisen-, Blei-, Zinn-, Alaungruben, Salzbergwerke, Quecksilberminen, Mineralquellen, chemische Fabriken, Spinnereien, die Porzellanmanufaktur in Berlin, die optische Werkstatt in Stuttgart, Gerbereien und andere Betriebe. Über den Eindruck, den die Dampfmaschine auf ihn machte, berichtete er: „Ein Elsässer zeigte mir das Modell einer Dampfmaschine, ein sehr kompliziertes und schwer zu begreifendes Maschinenwerk."

Eines von Goethes stimmungsvollsten Gedichten „Über allen Gipfeln ist Ruh" entstand während einer Inspektionsreise durch Bergwerke auf dem „Kickelhahn". Über seine Begegnung mit Berzelius in Eger schrieb Goethe 1822 an seinen Sohn: „Die Unterhaltung war lebhaft und lehrreich, letzterer (Berzelius) ließ die schönsten Versuche mit dem Lötrohr sehen. Wenn sich nur alles im Gedächtnis fixieren wollte."

Berzelius' neues System der Mineralogie war für Goethe die Lektüre des Weihnachtsabends 1822. Goethe war interessiert und wißbegierig bis zuletzt. Knapp einen Monat vor seinem Tode las er noch Berichte über die Anlage der ersten Eisenbahnstrecke Liverpool-Manchester.


## Naturwissenschaftlich-theoretische Gedanken
## zur Naturwissenschaft im allgemeinen

Eine der frühen Äußerungen Goethes zu naturwissenschaftlich-theoretischen Fragen ist sein Aufsatz „Die Natur", der um 1783 entstand. Er legte Goethes weltanschauliche und erkenntnistheoretisch-methodologische Auffassung der Natur vom Anfang der

achtziger Jahre dar. Goethe hat später rückschauend im Mai 1828
über diesen Aufsatz geschrieben, man erkenne in ihm „die Neigung
zu einer Art von Pantheismus". Ausgangspunkt ist für Goethe der
Gedanke der Einheit des Menschen mit der Natur. Der Mensch
hebt sich aus der Natur heraus und ist doch ein Teil von ihr. Die
Natur befindet sich in unendlichem Werden und Vergehen.

> Es ist ein ewiges Leben, Werden und Bewegen in ihr, und doch rückt
> sie nicht weiter. Sie verwandelt sich ewig, und ist kein Moment Stilleste-
> hen in ihr. Fürs Bleiben hat sie keinen Begriff, und ihren Fluch hat sie
> ans Stillestehen gehängt. Sie ist fest. Ihr Tritt ist gemessen, ihre Aus-
> nahmen selten, ihre Gesetze unwandelbar . . .
> Leben ist ihre schönste Erfindung, und der Tod ist ihr Kunstgriff viel
> Leben zu haben . . .
> Man gehorcht ihren Gesetzen, auch wenn man ihnen widerstrebt; man
> wirkt *mit ihr*, auch wenn man *gegen sie* wirken will . . .
> Alles ist immer da in ihr. Vergangenheit und Zukunft kennt sie nicht.
> Gegenwart ist ihr Ewigkeit . . .
> Sie ist ganz und doch immer unvollendet.

Was Goethe hier darlegte, ist ein Pantheismus von der Art Spinozas, aber in lebensvoll poetischer Gestalt. Es ist Rezeption des
Pantheismus, nicht der menschenfeindliche, abstrakte, fleischlose
Materialismus von Hobbes, den Engels und Marx in der „Heiligen Familie" charakterisierten, bei dem die Sinnlichkeit zur abstrakten Sinnlichkeit des Geometers wird. Dies klingt ja auch
in der Darstellungsmethode von Spinozas „Ethik" an. Von dort
her wird verständlich, daß Goethe sich mit Spinoza nicht völlig
identifizieren konnte.
Goethes Weltanschauung, sein gesamtes Wirken ist ohne Bezug
auf Natur und Naturwissenschaft nicht denkbar. Es ist ein poetisch sich ausdrückender, aber kein abstrakter Materialismus. Der
Dichter und der Naturforscher Goethe sind eins, sie durchdringen
und bedingen sich gegenseitig. Das zeigt sich in vielen (wenn auch
nicht in allen) auf Naturwissenschaft bezogenen Schriften Goethes.
Von streng mathematisch orientierten Naturwissenschaftlern wird
ihm das bis heute zum Vorwurf gemacht und sein naturwissenschaftliches Wirken als das eines poetischen naturwissenschaftlichen Laien oft extrem abgewertet. Das ist aber einseitig, denn
diese „Begrenztheit" Goethes als Naturwissenschaftler ist auf der
anderen Seite sein großer Vorzug. Der lebendige, von der Naturwissenschaft her bedingte Materialismus Goethes ist ähnlich jenem

Materialismus, den Engels und Marx an gleicher Stelle mit den Worten charakterisierten: „Die Materie lacht in poetisch-sinnlichem Glanze den ganzen Menschen an." [Marx, Engels, Werke, Bd. 2, Berlin 1970, S. 135]
Für Goethe ist Weltanschauung zugleich Methode. In diesen Zusammenhang gehört auch Goethes Differenz mit Schiller über den Typusbegriff anläßlich ihrer ersten Begegnung, die er später im Jahre 1794 unter dem Titel „Glückliches Ereignis" beschrieb:

Wir gelangten zu seinem Hause, das Gespräch lockte mich-hinein; da trug ich die Metamorphose der Pflanzen lebhaft vor und ließ, mit manchen charakteristischen Federstrichen, eine symbolische Pflanze vor seinen Augen entstehen. Er vernahm und schaute das alles mit großer Teilnahme, mit entschiedener Fassungskraft; als ich aber geendet, schüttelte er den Kopf und sagte: „Das ist keine Erfahrung, das ist eine Idee."
Ich stutzte, verdrießlich einigermaßen, denn der Punkt, der uns trennte, war dadurch aufs strengste bezeichnet. Die Behauptung aus „Anmut und Würde" fiel mir wieder ein, der alte Groll wollte sich regen, ich nahm mich aber zusammen und versetzte: „Das kann mir sehr lieb sein, daß ich Ideen habe, ohne es zu wissen, und sie sogar mit Augen sehe."

Typen sind allgemeine Schemata über den inneren Bau der Pflanzen und Tiere, die von materialistischen Naturwissenschaftlern als Abbilder und Modelle, von idealistischen Denkern dagegen als geistige Urbilder aufgefaßt werden, die vor den Pflanzen und Tieren existieren.
Sehr nahe liegt die Deutung, daß Schiller als kantianisch gebildeter Denker den Abbildungscharakter des Typusbegriffes, den Goethe besonders betonen wollte, nicht erfaßte. Darauf deutet auch der weitere Verlauf ihres damaligen Gespräches und Goethes Einschätzung des Schillerschen Standpunktes. Mit der Konfrontation der beiden zur Typuskonzeption war genau der weltanschauliche Gegensatz bezeichnet, der immer zwischen Goethe und Schiller stand, der die Quelle unseres Wissens betrifft und der als weltanschauliches Spannungsfeld in ihre künstlerische und politische Kooperation einging. Die Möglichkeit, daß Schiller in diesem Gespräch den Begriff „Idee" vielleicht auch pantheistisch formuliert haben könnte, ist bis jetzt kaum in Betracht gezogen worden. Gegen sie spricht Goethes Betroffenheit und seine Bezeichnung Schillers als Kantianer. Sie läßt sich aber nicht ganz ausschließen, wenn man bedenkt, daß Goethe später über seine erste Begegnung mit Schiller sagte, sie sei gerade zu jenem Zeit-

punkt erfolgt, da Schiller begann, die (kantianische) philosophische Spekulation satzzubekommen und sein Denken sich mehr objektivierte. Schiller hatte 1782 in Gedichten auch Spinoza gefeiert. Er war in seiner Jugend durchaus naturwissenschaftlich-philosophisch interessiert, wie seine medizinisch-philosophischen Jugendarbeiten erkennen lassen.

Von besonderer Bedeutung ist auch Goethes 1792 entstandener Aufsatz „Der Versuch als Vermittler von Objekt und Subjekt". Er bezeichnete darin den Versuch als Maßstab der Erkenntnis, deren schöpferische Kraft er betont. Seine eigene Erfahrung in den Naturwissenschaften, insbesondere in der Lehre vom Licht und von den Farben, zeigte ihm, daß Entdeckungen durch die Zusammenarbeit mehrerer Forscher, vor allem aber auch durch eine bestimmte Zeit, durch bestimmte Bedingungen gemacht werden, „wie eben sehr wichtige Dinge zu gleicher Zeit von zweien oder wohl gar mehreren geübten Denkern gemacht worden".

Mitteilung, Hilfe und Widerspruch seien für das Vorankommen des Wissenschaftlers unumgänglich. Hier unterscheide sich der Wissenschaftler vom Künstler. Während dem Künstler zu raten sei, sein Werk erst nach der Vollendung der Kritik auszusetzen und sich dadurch zu neuen Werken anregen zu lassen, solle der Wissenschaftler jede einzelne Erfahrung und Vermutung öffentlich mitteilen: „Es ist höchst rätlich, ein wissenschaftliches Gebäude nicht eher aufzuführen, bis der Plan dazu und die Materialien allgemein bekannt, beurteilt und ausgewählt sind."

Wir wissen, daß Goethe selbst in dieser Weise als Künstler wie als Naturforscher differenziert verfuhr. Seine Überlegungen zeigen, daß Kunst und Naturwissenschaft bei ihm zwar eine Einheit, aber eine wohlüberlegte und durch die Erfahrung bedingte differenzierte Einheit bilden.

Den Wert von Versuchen sah Goethe darin, daß sie sich unter gleichen Bedingungen wiederholen lassen. Er warnte jedoch vor isolierten Experimenten und daraus abgeleiteten vorschnellen Verallgemeinerungen und Systembildungen. Goethe empfiehlt die mittelbare Anwendung des Versuchs zum Beweis der Hypothese und warnt vor der unmittelbaren Anwendung. Man solle Versuchsgruppen durchführen, deren Einzelexperimente sich berühren, und, von den Mathematikern lernend, immer nur das Nächste aus dem Nächsten folgern. Die mathematische Beweisführung sah

er in diesem Zusammenhang als mustergültig an. Die gefolgerten
Sätze solle man nebeneinander stellen, so daß sie wie mathematische Sätze sowohl einzeln als auch zusammengenommen gelten
könnten. Andere Wissenschaftler könnten dann die Einzelexperimente und die Einzelsätze nachprüfen und beurteilen, ob sie sich
durch einen allgemeinen Satz ausdrücken ließen:

Auf diese Weise wird unterschieden was zu unterscheiden ist, und man
kann die Sammlung von Erfahrungen viel schneller und reiner vermehren,
als wenn man die späteren Versuche, wie Steine die nach einem geendigten
Bau herbeigeschafft werden, unbenutzt beiseite legen muß.

Er lehnte die vorschnelle Synthese und Deutung ab, ist aber
auch kein flacher Empiriker. Er vereint das Experiment, dem er
grundlegende Bedeutung zuschreibt, mit dem deduktiven Denken,
das durch Erfahrung und Studium der Wissenschaftsgeschichte
geläutert und geschärft ist.

Seine Auseinandersetzung mit seinen philosophischen Zeitgenossen
dokumentierte Goethes 1817 geschriebener Aufsatz „Einwirkung
der neueren Philosophie". Goethe suchte in selbständiger Weise
für seine naturwissenschaftlichen Bestrebungen eine philosophische
Basis zu gewinnen. Seine Erkenntnistheorie zeigt gewisse Berüh-
rungspunkte zu Kants „Kritik der Urteilskraft". Goethe mußte
aber zur wissenschaftlichen Erklärung des lebenden Organismus
über Kant hinausgehen. Dieser hatte die Zweckmäßigkeitslehre
(Teleologie, Lehre darüber, daß der Existenz der Lebewesen
geistige Zweckursachen zugrunde lägen, die auf einen außerwelt-
lichen Schöpfer deuteten) als unwissenschaftlich bezeichnet. Er
behielt sie aber insofern bei, daß wir bei Zugrundelegung von
Zweckursachen zwar zu keiner Erklärung, wohl aber zu einer
fruchtbaren Betrachtung der organischen Welt kämen. Goethe
bestritt das und trat dafür ein, daß auch bei Vermeidung der
Zweckursache eine wissenschaftliche Betrachtung der Organismen
möglich sei. Er tat dies in dem kleinen Aufsatz mit der bezeich-
nenden Überschrift „Anschauende Urteilskraft".

In der Niederschrift „Bedenken und Ergebung" behandelt er das
Verhältnis von Idee und Erfahrung als ein immerfort in der Naturforschung neu sich stellendes widersprüchliches Verhältnis. Die
äußerliche Verbindung von Denken und Anschauung bei Kant
war ein Hindernis für eine einheitliche Erfassung des Naturgan-
zen. Goethe bemühte sich, Denken und Anschauen in ein näheres

Verhältnis zueinander zu bringen. Als ein anderer Autor dafür
den Ausdruck „gegenständliches Denken" fand, reagierte Goethe
erfreut darauf in dem Aufsatz „Bedeutende Fördernis durch ein
einziges geistreiches Wort" und bekennt, daß ihm dieser Ausdruck
beim Verstehen seiner naturwissenschaftlichen wie auch seiner
poetischen Schaffensmethode geholfen habe.
In dem Aufsatz „Analyse und Synthese" stellt Goethe am Beispiel
der Naturwissenschaften dar, wie beide sich wechselseitig bedingen. Jede Analyse setzt eine Synthese voraus und müsse wieder  zu
einer Synthese führen, die aber nicht möglich sei, wenn dem Gegenstand keine Synthese zugrunde liege. In dem interessanten Aufsatz „Über Mathematik und deren Mißbrauch sowie das perio-
dische Vorwalten einzelner wissenschaftlicher Zweige" aus dem
Jahre 1826 versucht Goethe, die Möglichkeiten und Grenzen der
Anwendung der Mathematik abzustecken, so wie er sie im Lichte
seiner Erfahrung beurteilt, und antwortet auf eine Beschuldigung,
die oft gegen ihn erhoben wurde:

Ungern aber habe ich zu bemerken gehabt, daß man meinen Bestrebungen
einen falschen Sinn untergeschoben hat. Ich hörte mich anklagen, als sei
ich ein Widersacher, ein Feind der Mathematik überhaupt, die doch niemand höher schätzen kann als ich, da sie gerade das leistet, was mir zu
bewirken versagt worden.

In dem Aufsatz „Ferneres über Mathematik und Mathematiker"
wendet er sich gegen den Anspruch zeitgenössischer Mathematiker,
die, verleitet durch das Große, welches die Mathematik geleistet,
alles „auf den Kalkül reduzieren" und ihre Disziplin zur Univer-
salwissenschaft erheben wollten. Dabei formuliert Goethe folgendes Bonmot, das die Schwierigkeiten treffend ausspricht, die der
Nichtmathematiker im Gespräch mit dem Mathematiker und oft
auch Mathematiker verschiedener Schulen in der Diskussion miteinander haben: „Die Mathematiker sind eine Art Franzosen:
redt man zu ihnen, so übersetzen sie es in ihre Sprache, und dann
ist es alsbald ganz etwas Anderes."
Wesentlich ist die Auffassung Goethes, „daß Quantität und Qualität als die zwei Pole des erscheinenden Daseins gelten müssen".
Den Irrtum, die Mathematik habe es nur mit Quantitäten zu tun,
teilt er mit seinem Zeitgenossen Hegel. Daß er die Deutung der
Entdeckung der Fraunhoferschen Linien bestritt, zeigt, wie auch
er in Lehrmeinungen befangen war. Auch Newton wurde er be-

kanntlich nicht gerecht, wohingegen er Lichtenbergs Ideenreichtum hoch einschätzte. Wie sich Allgemeines und Einzelnes in der Natur gegenseitig durchdringen, sprach Goethe aus mit den Worten:

> Was ist das Allgemeine?
> Der einzelne Fall.
> Was ist das Besondere?
> Millionen Fälle.
> ... Das Allgemeine und Besondere fallen zusammen; das Besondere ist das Allgemeine, unter verschiedenen Bedingungen erscheinend.

Daß Goethe seine bekannten „Urphänomene" nicht als Absolutum ansah, sondern streng genommen als eine zeitbedingte Erkenntnisgrenze, unterstreichen folgende Sätze:

> Wenn ich mich beim Urphänomen zuletzt beruhige, so ist es doch auch nur Resignation; aber es bleibt ein großer Unterschied, ob ich an den Grenzen der Menschheit resigniere oder innerhalb einer hypothetischen Beschränktheit meines bornierten Individuums.

In dem Aufsatz „Erfahrung und Wissenschaft" aus dem Jahre 1798 hatte er „Phänomen" so umschrieben: „Die Phänomene, die wir andern auch wohl Fakten nennen..." Er unterschied empirische, wissenschaftliche und reine Phänomene..

Große Bedeutung maß Goethe der Geschichte der Wissenschaft bei, wie u. a. sein Aufsatz „Einfluß des Ursprungs wissenschaftlicher Entdeckungen" zeigt. Er warnt aber auch vor der Verabsolutierung der Geschichte:

> Die Wissenschaften so gut als die Künste bestehen in einem überlieferbaren (realen) erlernbaren Teil und in einem unüberlieferbaren (idealen) unlernbaren Teil...
> Der gemeine Wissenschaftler hält alles für überlieferbar und fühlt nicht, daß die Niedrigkeit seiner Ansichten ihn sogar das eigentlich Überlieferbare nicht fassen läßt...
> Genau gesehen, kann und soll man von jedem Tag eine neue Epoche datieren.

Als einander bedingende Tendenzen in der Wissenschaftsgeschichte faßte Goethe Dogmatismus und Skeptizismus auf. Sehr charakteristisch für ihn sind Gedanken, die er unter der Überschrift „Induktion" notierte: „Hab ich mir nie, auch gegen mich selbst nicht erlaubt. Ich ließ Fakta isoliert stehen."

In diesem Abschnitt die naturwissenschaftlich-theoretischen Auffassungen Goethes auch nur annähernd auszuschöpfen, ist unmöglich. Für wesentlich Gehaltenes wurde ausgewählt. Vieles weitere findet sich verstreut an den verschiedensten Stellen seiner Werke.

# Letzte Lebensjahre, Wirkung
und Ausstrahlung von Goethes naturwissenschaftlichem Schaffen

Der berühmte Pariser Akademiestreit zwischen Cuvier und Geoffroy de Saint-Hilaire interessierte Goethe bekanntlich mehr als die
Julirevolution von 1830. In den Pariser Akademiestreit hinein
wirkten unterschiedliche Standpunkte zum Typusbegriff (siehe
vorigen Abschnitt). Da Goethe an der Herausbildung dieses
Begriffes maßgeblichen Anteil hatte, mag ihn der Akademiestreit
auch von dieser Seite her besonders angesprochen haben, zumal
Geoffroy Goethe indirekt mit in die Debatten zog.
Die Typusauffassung in der Biologie ging historisch schon bei
ihrer Begründung kontroverse Wege. Goethe begründete seine
Typuskonzeption 1790 und verfolgte und entwickelte sie u. a. in
Arbeiten aus den Jahren 1795, 1796 und 1830/1831 weiter. Cuvier
stellte 1812 seine Bauplanlehre auf, die seit Blainville kurz als
Typentheorie bezeichnet wurde. Karl Ernst v. Baer hat sie später
fester begründet. In seinem Aufsatz zum Pariser Akademiestreit
hatte Goethe unverkennbare Sympathien für Geoffroy gezeigt.
Geoffroy vertrat die Einheitlichkeit des Bauplanes (unité du plan)
durch das ganze Tierreich und versuchte die Abwandlung dieses
Bauplanes darzulegen. Er stellte die direkte Bewirkung durch die
Umwelt (Geoffroyismus im Unterschied zum Lamarckismus) in
den Vordergrund. Sein Prinzip der Analogien besagte, daß nicht
nur die Organe, sondern auch ihre Elemente auf Identität rück-
führbar seien. Die Umbildungen sollten nach Meinung Geoffroys
sprunghaft vor sich gehen („Der erste Vogel kroch aus einem
Reptilienei").
Goethe war der Terminus „unité du plan" (Einheit des Planes)
zu teleologisch (an geistige Zweckursachen erinnernd). Er wollte
„unité du type" (Einheit des Typus, des Aufbaus) an dessen Stelle
gesetzt wissen. Die Umbildungstheorien Geoffroys überging er in
seiner Besprechung des Akademiestreites. Goethe war wie Geoffroy der Meinung, man könne alle Tiere auf das Modell eines „Ur-
tieres" beziehen. Die einzige Stelle in seinen biologischen Arbeiten, die sich darauf bezieht, hat folgenden Wortlaut:

Hierbei fühlte ich bald die Notwendigkeit, einen Typus aufzustellen, an welchem alle Säugetiere nach Übereinstimmung und Verschiedenheit zu prüfen wären, und wie ich früher die Urpflanze aufgesucht, so trachte ich nunmehr das Urtier zu finden, das heißt denn doch zuletzt: den Begriff, die Idee des Tiers. [WA, II, 6, S. 20]

Dies schrieb Goethe 1817. Geoffroy nannte (mit mehr oder weniger Recht) im Jahre 1830 als deutsche Biologen, die mit ihm gleicher Meinung seien: Kielmeyer, Meckel, Oken, Spix, Thiedemann und Goethe (letzterer seit 30 Jahren, also seit 1800).

Cuvier hielt im Gegensatz zu Geoffroy vier einander kontingente Haupttypen für nötig, um alle Tiere darauf zu beziehen: den peripheren oder strahligen Typus, den gegliederten oder Längentypus, den massigen oder Molluskentypus und den Typus der Wirbeltiere. Heute kennt die zoologische vergleichende Anatomie sehr viel mehr morphologische Bauplantypen.

Geoffroy hatte Anlaß gegeben, seine Auffassungen mit der pantheistischen Naturphilosophie in Beziehung zu bringen. Goethe selbst zitiert im ersten Abschnitt seines Aufsatzes über den Akademiestreit aus einer Eingabe Cuviers an die Akademie vom 5. April 1830.

Ich weiß wohl, ich weiß, daß für gewisse Geister hinter dieser Theorie der Analogien, wenigstens verworrenerweise, eine andere, sehr alte Theorie sich verbergen mag, die, schon längst widerlegt, von einigen Deutschen wieder hervorgesucht worden, um das pantheistische System zu begünstigen, welches sie Naturphilosophie nennen. [WA, II, 7, S. 180]

Offensichtlich mit Beziehung darauf, charakterisierte Haeckel 1868 in der „natürlichen Schöpfungsgeschichte" Geoffroy als das Haupt der französischen Naturphilosophen. Einige zeitgenössische deutsche Naturwissenschaftler (Johannes Müller 1834, Baer) erklärten Cuvier zum Sieger im Akademiestreit. Baer bezeichnete noch in einer 1897 postum gedruckten Schrift Goethes Urteil aus dem Aufsatz zum Akademiestreit als nicht richtig.

Die Mehrheit der Naturwissenschaftler stand jedoch unmittelbar und mittelbar Goethes naturwissenschaftlichen Arbeiten insgesamt mit Sympathie gegenüber. Viele wurden von ihm angeregt, auch unabhängig von seinen naturwissenschaftlichen Schriften Naturwissenschaften und technische Disziplinen in seinem Sinne zu fördern und zu entwickeln.

Seine bedeutendsten Freunde und Schüler, die von ihm wesentlich angeregt wurden und in seinem Sinne tätig wirkten, waren auf naturwissenschaftlichem Gebiet Alexander von Humboldt und Johann Wolfgang Döbereiner. Alexander von Humboldt, der mit Baer korrespondierte, widmete die deutsche Ausgabe seiner Schrift „Ideen zu einer Geographie der Pflanzen" (Tübingen und Paris 1807) seinem Freund Goethe. Seinen „Ersten Entwurf einer allgemeinen Einleitung in die vergleichende Anatomie" verfaßte Goethe 1795 auf Anregung der Gebrüder Humboldt. Sömmering würdigte Goethes Arbeit über den Zwischenkieferknochen. Goethe korrespondierte mit Wackenroder. Sein Zeitgenosse Carl Gustav Carus (der 1862 13. Präsident der Leopoldina wurde) hielt am 28. August 1849 in Dresden eine Festrede zu Goethes 100. Geburtstag [8], in der er Goethes Persönlichkeit umfassend würdigte, und in seinem „Atlas der Kranioskopie" (1. Aufl. Leipzig 1843–1845, 2. Aufl. Leipzig 1864) erkannte er Goethes Anteil an der Theorie der Cephalogenesis grundlegend und in bewundernder Weise an. Goethe wurde am 5. August 1806 auf Vorschlag Alexander von Humboldts Mitglied der damaligen Preußischen Akademie der Wissenschaften zu Berlin und im Jahre 1818 (im gleichen Jahr wie Oken und Berzelius) Mitglied der Deutschen (damals „Kaiserlich Leopoldinischen-Carolinischen") Akademie der Naturforscher „Leopoldina" (damals Sitz in Erlangen). Er überließ der „Leopoldina" neben kleinen Beiträgen seine ältere Abhandlung über das „os intermaxillare". Die Akademie sicherte dieser Abhandlung in Fachkreisen die verdiente Beachtung. Goethe hat den Abdruck der Arbeit (mit den bis dahin unveröffentlichten Tafeln) im 15. Band der „Nova Acta physico-medica Academiae" im 2. Abschnitt seines Aufsatzes über den Akademiestreit dankbar anerkannt [WA, II, 7, S. 193, 200]. Die Leopoldina beruft sich noch heute in ihrem Mitgliedsdiplom neben vielen anderen Naturwissenschaftlern u. a. auch auf Goethe. Schmid führt über 30 wissenschaftliche Gesellschaften an, in denen Goethe Mitglied war [35]. Goethe stand in freundschaftlicher Verbindung z. B. mit dem damaligen Präsidenten der Leopoldina, dem seinerzeit bekannten Botaniker Christian Gottfried Nees von Esenbeck und dessen späterem Nachfolger Dietrich Georg Kieser. Außer den Genannten gehörten der Akademie damals u. a. an: Hufeland, J. Ch. Reil, A. v. Humboldt, Herschel, C. G. Carus, A. v. Chamisso, Baer, Cuvier und Fraunhofer. Im Jahre 1826 wurde Goethe Mitglied der

Petersburger Akademie der Wissenschaften und 1830 der Polnischen Akademie der Wissenschaften. Wenige Tage vor seinem Tode würdigte Goethe noch in einem Brief an den jungen Bernhard von Cotta vom 15. März 1832 dessen im Januar 1832 erschienenes Buch „Die Dendrolithen in Beziehung auf ihren Bau", dessen Bedeutung als wichtige Dokumentation fossiler Pflanzen er sogleich erkannte. Ungerer, der von einem „Zeitalter der idealistischen Morphologie und der romantischen Biologie" spricht [41, S. 42], rechnet dazu u. a. Buffon, Vicq d' Azyr, Geoffroy, Goethe, Kielmeyer, Meckel, Baer, Nees von Esenbeck, Oken, C. G. Carus, Burdach, Treviranus, Lamarck, Cuvier und Johannes Mül-

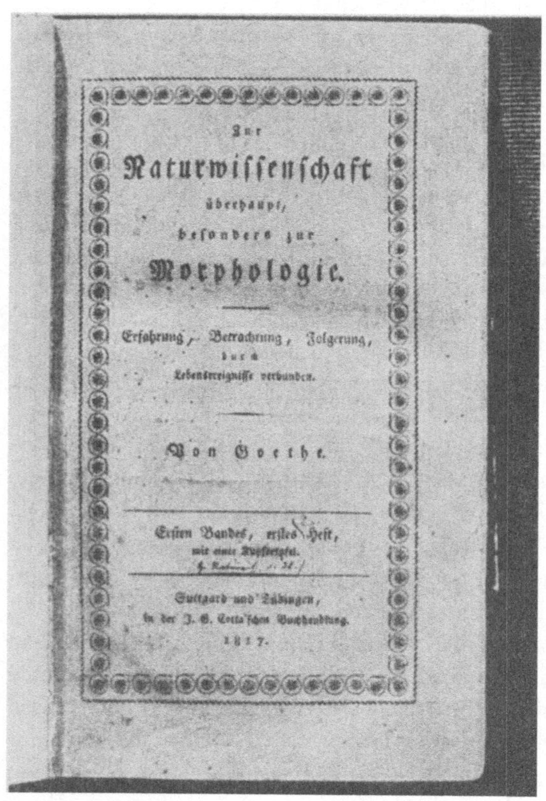

8  Titelblatt der Hefte „Zur Naturwissenschaft überhaupt ..."

ler. Natürlich kommt er in diesem Falle nicht umhin festzustellen, daß die Vertreter des „romantischen Denkens", mindestens in der Biologie, zu den besten Trägern der Wissenschaft ihrer Zeit gehörten [41, S. 43].

Bei der bekannten scharfen Aversion Goethes gegen die Romantik halten wir seine Einordnung unter „romantisches Denken" oder gar unter „romantische Naturpoesie" für mehr als fragwürdig. Ungerer geht von einer objektiv-idealistischen Geschichtsauffassung aus.

In die „Nachträge zur Farbenlehre" nahm Goethe einen Brief Hegels an ihn vom 24. Februar 1821 auf, den er gekürzt und überarbeitet abdruckte. Darin heißt es über Goethes Arbeitsmethode:

Das Einfache und Abstrakte, was Sie sehr treffend das Urphänomen nennen, stellen Sie an die Spitze, zeigen dann die konkreteren Erscheinungen auf, als entstehend durch das Hinzukommen weiterer Einwirkungskreise und Umstände, und regieren den ganzen Verlauf so, daß die Reihenfolge von den einfachen Bedingungen zu den zusammengesetzteren fortschreitet, und, so rangiert, das Verwickelte nun, durch diese Dekomposition, in seiner Klarheit erscheint. Das Urphänomen auszuspüren, es von den anderen, ihm selbst zufälligen Umgebungen zu befreien, – es abstrakt, wie wir dies heißen, aufzufassen, dies halte ich für eine Sache des großen geistigen Natursinns, so wie jenen Gang überhaupt für das wahrhaft Wissenschaftliche der Erkenntnis in diesem Felde. [WA, II, 5. 1., S. 373]

Unter der Überschrift „Naturwissenschaft im Allgemeinen, einzelne Betrachtungen und Aphorismen. VII" definierte Goethe:

*Urphänomen:*   Ideal = real = symbolisch = identisch
                 Ideal, als das letzte Erkennbare;
                 real, als erkannt;
                 symbolisch, weil es alle Fälle begreift;
                 identisch, mit allen Fällen.
*Empirie:*   Unbegrenzte Vermehrung derselben. Verzweiflung an Vollständigkeit. [WA, II, 11, S. 161]

Goethe bemühte sich um größte begriffliche Klarheit und stand damit und mit der sachlichen Darstellung seiner Ergebnisse (siehe z. B. die Abhandlung über den Zwischenkieferknochen) Cuvier durchaus nahe. Er urteilte über ihn, den er sehr schätzte, andererseits gelegentlich:

Bei Cuvier bewundere ich seinen Stil und seine Naturgeschichte; tatsächliche Vorgänge weiß niemand so klar darzulegen wie er; aber von Philosophie ist er fast ganz verlassen; er hängt auch noch an gewissen schulmäßigen Vorurteilen oder tut wenigstens so. Man kann bei ihm zum Vielwisser werden, aber sehr tief geht es nicht. [42, S. 191]

Dagegen urteilte Johannes Müller, mit dessen „physiologischem Idealismus" sich Ludwig Feuerbach 1866 auseinandersetzte, daß nur die Methode Cuviers den Naturwissenschaftlern dauernde und reelle Früchte bringe. Goethe sah vor dem Forum der französischen Akademie das verhandelt, was ihn selbst ein halbes Jahrhundert hindurch beschäftigt hatte. Zunächst setzte sich die Methode Cuviers durch. Aber auch der einseitige Empirismus, der sich nach dem Akademiestreit ausbreitete, konnte der Biologie nur vorübergehend genügen. So fand die Deszendenz*theorie* von Darwin und Wallace nach 1859 unter den progressiven Naturforschern begeisterte Anhänger.

Viele der naturwissenschaftlichen Zeitgenossen Goethes, mit denen er Meinungen austauschte, experimentierte und die er beeinflußte, waren jünger als er, z. B. Berzelius, A. v. Humboldt, Döbereiner, Wackenroder, Carus, Purkinje u. a. So wirkte Goethe über sie bis in die Jahre nach der Revolution von 1848. Was dabei weiterwirkte, waren nicht so sehr seine direkten naturwissenschaftlichen Beiträge (wie Entdeckung des os intermaxillare, die Schädeltheorie usw.), als vielmehr die Art und Weise des Herangehens an die Naturwissenschaften, vor allem in dreierlei Hinsicht:

1. in Hinsicht auf das, was später bezeichnet wurde als die universitas litterarum;

2. in Hinsicht auf die entschiedene Förderung aller naturwissenschaftlichen Ideen;

3. dies vor allem unter dem Gesichtspunkt ihres Nutzens für die Produktion, für die Praxis, für die Erleichterung des Lebens der arbeitenden Menschen.

Nachdem noch im Revolutionsjahr 1848 in seinen berühmten Heidelberger Vorlesungen über das Wesen der Religion Ludwig Feuerbach sich auf Goethe berufen hatte mit der bemerkenswerten Feststellung: „Wer Wissenschaft hat, sagt schon Goethe, braucht die Religion nicht. Ich setze statt des Wortes ‚Wissenschaft' Bildung..." [11, S. 241] und Virchow 1861 Goethe als Naturforscher gerecht gewürdigt hatte, setzte in der zweiten Hälfte des 19. Jahrhunderts eine Periode herber, ablehnender Kritik gegenüber dem Naturwissenschaftler Goethe ein, gekennzeichnet durch

Namen wie Johannes Müller, Emil du Bois-Reymond und Karl Ernst von Baer.

Kurz nach der Jahrhundertwende begann dann wieder eine Zeit intensiver Beschäftigung mit Goethes naturwissenschaftlichen Arbeiten, die sich dokumentierte u. a. in den Veröffentlichungen von Magnus, Link und Hansen in den Jahren 1906/1907, bis dann schließlich auch die Naturwissenschaftler wie z. B. Plank, Born, Heisenberg und Einstein auf das Gedankengut Goethes wieder aufmerksam wurden. Für die große Zahl heutiger Naturwissenschaftler, vor allem Biologen, die sich zu Goethe bekennen, seien hier stellvertretend genannt Konrad Lorenz und Ludwig von Bertalanffy.

Die marxistischen Theoretiker der Gegenwart nehmen Goethes Arbeiten sowohl von der naturwissenschaftlichen wie von der weltanschaulich-philosophischen Seite wieder auf. Sind wir doch nicht berechtigt, gerade die naturwissenschaftlichen Arbeiten Goethes der bürgerlichen Naturphilosophie zu überlassen, die sich seit geraumer Zeit für sie interessiert. Wir halten die weitere Auswertung des weltanschaulichen und erkenntnistheoretisch-methodologischen Ertrages von Goethes naturwissenschaftlichen Arbeiten durch die marxistisch-leninistische Philosophie für eine unumgängliche Pflicht. Daß die marxistische Analyse dabei nicht in jene philisterhafte Goetheschwärmerei verfallen wird, die Mehring gelegentlich so beißend ironisierte, versteht sich von selbst. J. R. Becher sagte in seiner Rede zu Goethes 200. Geburtstag am 28. August 1949 in Weimar: „Es heißt nicht zurück zu Goethe, sondern es heißt: vorwärts zu Goethe und mit Goethe vorwärts".

Goethe war in vieler Hinsicht ein Polyhistor oder Enzyklopädist, in mancher Beziehung darin erinnernd an seine berühmten Zeitgenossen Lomonossow, Alexander von Humboldt oder Hegel. Bei der Wirkung historischer Quellen auf ihn wird Goethe meist unterschätzt. Er nahm nahezu alles in sich auf, rezipierte aber außerordentlich aktiv und eigenständig. Er war Spinozist, ohne sich mit Spinozas Methode zu identifizieren, von der Naturphilosophie beeinflußt, aber kein Naturphilosoph, selbst die deutsche Mystik (Jakob Böhme) und die progressiven Seiten des Pietismus beeinflußten ihn zeitweilig. Sehr bezeichnend für die bestimmende Stellung von Goethes naturwissenschaftlicher Tätigkeit in Gesamt-

9   Brief Purkinjes an Goethe aus Prag, 1823, 1. Seite
(Goethe-Nationalmuseum, Weimar)

werk und Weltanschauung ist sein bekannter Brief an F. H. Jacobi
vom 9. Juni 1785, in dem er die „höchste Realität" als „Grund des
ganzen Spinozismus" bezeichnete und von sich sagte, er könne
das Göttliche nur in und aus den rebus singularibus (einzelnen
Dingen) erkennen und suche es auf und unter Bergen in herbis et
lapidibus (Pflanzen und Steinen) [WA, IV, 7, S. 62–64].
Es sei hier daran erinnert, daß der Einfluß der Gedankenwelt des
Spinozismus auch noch im 19. Jahrhundert in Deutschland sehr
groß war. Bedeutende Naturwissenschaftler wie Johannes Müller,
Heinrich Hertz, Naegeli, Albert Einstein und Hermann Minkowski
waren Spinozisten.
Bei Goethe wurde das „Deus sive natura" (im Sinne von: Gott ist

die Natur) zum „Deus sive homo" (Gott ist der Mensch), wobei
Goethe immer die Einheit des Menschen mit der Natur betonte,
im Unterschied zu Lessing und Herder, die den Menschen aus der
Natur herauslösten. Das ergibt Bezüge zu dem Naturbegriff von
Marx, der die menschliche Geschichte als einen wirklichen Teil
der Naturgeschichte, des Werdens der Natur zum Menschen auf-
faßt und die Arbeit als die reale prozessierende konkrete Einheit
des Menschen mit der Natur.

CAESAREAE LEOPOLDINO - CAROLINAE ACADEMIAE
NATVRAE CVRIOSORVM
PRAESES

VIRO PERILLVSTRI ET GENEROSISSIMO
IOHANNI WILHELMO A GOETHE
SERENISSIMI ET AVGVSTISSIMI MAGNI DVCI SAXONICI - VINARIENSI ET ISENACENSI A
CONSILIIS SANCTIORIBVS: RELIQVA.

S. P. D.

10 Urkunde über die Ernennung Goethes zum Ehrenmitglied
der Leopoldina vom 26. August 1818 mit der Unterschrift
des damaligen Akademiepräsidenten Nees von Esenbeck
(Goethe-Schiller-Archiv, Weimar)

Sehr interessant ist der Vergleich mit dem, was Engels zu dieser
Frage in seinem Aufsatz „Anteil der Arbeit an der Menschwer-
dung des Affen" ausführte:

Und so werden wir bei jedem Schritt daran erinnert, daß wir keineswegs
die Natur beherrschen, wie ein Eroberer ein fremdes Volk beherrscht, wie
jemand, der außer der Natur steht – sondern daß wir mit Fleisch und
Blut und Hirn ihr angehören und mitten in ihr stehen, und daß unsere ganze
Herrschaft über sie darin besteht, im Vorzug vor allen anderen Geschöp-
fen ihre Gesetze zu erkennen und richtig anwenden zu können. Und in der
Tat lernen wir mit jedem Tag ihre Gesetze richtiger verstehen und die
näheren und entfernteren Nachwirkungen unserer Eingriffe in den her-
kömmlichen Gang der Natur erkennen ... Je mehr dies aber geschieht,
desto mehr werden sich die Menschen wieder als Eins mit der Natur nicht
nur fühlen, sondern auch wissen ... [3, S. 453]

Dies schrieb Engels 1876. Die geschichtlichen Quellen des Marxis-
mus sind weit verzweigt. Neben der klassischen deutschen Philosophie hat auch die klassische deutsche Literatur, besonders Goethes
naturwissenschaftlich beeinflußtes Denken, daran einen gewissen
Anteil. Dies war möglich und notwendig, da Goethes Lebenswerk
mit seinen naturwissenschaftlichen Arbeiten und Gedanken als
wesentlichem Teil auf einer Weltanschauung beruhte, die materia-
listischer Pantheismus mit dialektischen Elementen [47, S. IXL]
war.

# Zeittafeln



| | |
|---|---|
| 28. 8. 1749 | Goethe in Frankfurt/M. geboren. |
| 1759 | Besetzung Frankfurts durch französische Truppen. |
| 1765–1768 | Studium in Leipzig. |
| 1770–1771 | Studium in Straßburg. |
| 6. 8. 1771 | Goethe in Straßburg zum Lizentiaten der Rechte promoviert. |
| 1775 | Erste Schweizer Reise. |
| 7. 11. 1775 | Goethes Übersiedlung nach Weimar. |
| 11. 6. 1776 | Goethe zum Geheimen Legationsrat ernannt. |
| 25. 6. 1776 | Goethe tritt in den weimarischen Staatsdienst. |
| 18. 2. 1777 | Goethe erhält sämtliche Bergwerksangelegenheiten übertragen. |
| 1777 | Erste Harzreise. |
| 1778 | Besuch am Hofe Friedrichs II. in Potsdam und Berlin. |
| Jan. 1779 | Goethe übernimmt die Kriegskommission und die Direktion des Wegebaus. |
| 5. 9. 1779 | Goethe zum Geheimen Rat ernannt. |
| Sept.–Dez. 1779 | Zweite Schweizer Reise. |
| 23. 6. 1780 | Goethes Aufnahme in die Freimaurer-Loge „Anna Amalia". |
| 10. 4. 1782 | Kaiser Joseph II. erhebt Goethe in den Adelsstand. |
| 11. 6. 1782 | Goethe mit Leitung der Kammergeschäfte beauftragt. |
| 1783 | Zweite Harzreise. |
| 1784 | Dritte Harzreise. Mineralogische Studien und Zeichnungen. |
| 6. 7. 1784 | Goethe erhält die Oberaufsicht über das Steuerwesen in Ilmenau. |
| 1786–1788 | Erste Italienreise, u. a. Tagebuch über botanische Beobachtungen. |
| 1788 | Goethe von allen Regierungsgeschäften (mit Ausnahme der Leitung der Ilmenauer Kommissionen) entlastet. |
| Juli 1788 | Goethes Begegnung mit Christiane Vulpius. |
| 25. 12. 1789 | Geburt von Goethes und Christianes Sohn August. |
| 1790 | Zweite Italienreise. |
| 1792 | Teilnahme Goethes an der preußischen Intervention gegen Frankreich, u. a. Beschäftigung mit Farbenlehre. |
| 30. 9. 1792 | Goethes Teilnahme an der Kanonade von Valmy. |
| Juni–Juli 1793 | Teilnahme Goethes an der Belagerung der republikanischen Stadt Mainz. |

| | |
|---|---|
| 1797 | Dritte Schweizer Reise. |
| 13. 9. 1804 | Goethe zum Wirklichen Geheimen Rat ernannt. |
| 1806 | Ehe mit Christiane Vulpius. |
| 2. 10., 6. 10. und 10. 10. 1808 | Unterredungen Goethes mit Napoleon Bonaparte in Erfurt. |
| 12. 10. 1808 | Goethe wird Ritter der Ehrenlegion. |
| April 1813 | Einzug der russischen und preußischen Truppen in Weimar. |
| 12. 12. 1815 | Goethe wird Staatsminister. |
| 6. 6. 1816 | Christiane von Goethe stirbt. |
| 7. 11. 1825 | Goethe wird Dr. phil. h. c. und Dr. med. h. c. der Universität Jena. |
| 22. 3. 1832 | Goethes Tod. |

*Goethe – Politische Daten seiner Zeit*

| | |
|---|---|
| 1756–1763 | Siebenjähriger Krieg. |
| 1764 | Krönung von Kaiser Joseph II. in Frankfurt/M. |
| 1772 | Erste Teilung Polens. |
| 1776 | Unabhängigkeitserklärung der USA. |
| 1789 | Erstürmung der Bastille. |
| 30. 9. 1792 | Kanonade von Valmy, erster Sieg der französischen Freiwilligenheere über die deutschen Interventionstruppen. |
| 1793 | Erste demokratische Republik in Deutschland in Mainz. |
| 1793–1797 | Erster Koalitionskrieg des feudalen Europa gegen die französische Republik. |
| 21. 1. 1793 | Hinrichtung Ludwigs XVI. |
| 1793 | Zweite Teilung Polens. |
| 1793 | Sturz der Girondistenregierung durch die Jakobiner. |
| 1794 | Sturz der Jakobinerherrschaft durch das Direktorium. |
| 1795 | Baseler Sonderfriede. Dritte Teilung Polens. |
| 1797–1799 | Rastatter Kongreß über Entschädigung der von den Franzosen vertriebenen linksrheinischen Fürsten. |
| 1799–1802 | Zweiter Koalitionskrieg gegen Frankreich. |
| 1799 | Staatsstreich Napoleons (18. Brumaire). |
| 1803 | Reichsdeputationshauptschluß über territoriale Neugliederung Deutschlands. |
| 1804 | Ausrufung Napoleons zum Kaiser. |
| 1805–1815 | Napoleonische Kriege. |
| 6. 8. 1806 | Ende des Heiligen römischen Reiches Deutscher Nation. |
| 14. 10. 1806 | Schlacht bei Jena und Auerstedt. |
| 1806 | Rheinbund. |
| 1808 | Städteordnung in Preußen. |
| Sept. 1812 | Brand von Moskau. |

| 1812–1813 | Befreiungskriege gegen Napoleon. |
| 1812 | Konvention von Tauroggen. |
| 18. 10. 1813 | Völkerschlacht bei Leipzig. |
| 1814–1815 | Wiener Kongreß. |
| 1815 | Gründung des Deutschen Bundes und der Heiligen Allianz. |
| 18. 6. 1815 | Schlacht bei Waterloo. |
| 18. 10. 1817 | Wartburgfest der deutschen Studenten. |
| 1818 | Karl Marx geboren. |
| 23. 3. 1819 | Ermordung des reaktionären Schriftstellers August v. Kotzebue durch den Studenten K. L. Sand. |
| August 1819 | Karlsbader Beschlüsse zur Unterdrückung der demokratischen Bewegung. |
| 1820 | Friedrichs Engels geboren. |
| 5. 5. 1821 | Tod Napoleons. |
| 1830 | Julirevolution in Paris. |
| 1831 | Erster Seidenweberaufstand in Lyon. |
| 27. 5. 1832 | Auf Hambacher Fest fordern Demokraten einheitliche deutsche Republik. |
| 1834 | Gründung des deutschen Zollvereins. |

*Goethe – Einige Beziehungen zu Naturwissenschaftlern*

| Etwa 1769/1770 | Beginn von Goethes naturwissenschaftlichen Studien. |
| Herbst 1779 | Goethe macht Georg Forsters Bekanntschaft in Kassel. |
| 23. 6. 1780 | Goethe verhandelt mit Johann Carl Wilhelm Voigt über mineralogische Fragen. |
| 28./29. 10. 1781 | Goethe hört bei Justus Christian Loder in Jena anatomische Vorlesungen. |
| 1781–1782 | Goethe hält Vorträge über Anatomie im Freien Zeichen-Institut. |
| April 1783 | Goethe besucht den Göttinger Professor der Medizin und Naturforscher Johann Friedrich Blumenbach. |
| 27. 9. 1733 | Goethe wohnt einem physikalischen Kollegium Lichtenbergs in Göttingen bei und besucht alle Professoren der Universität. |
| Okt. 1783 | Erste Begegnung mit dem Naturforscher Samuel Thomas Sömmering, mit dem Goethe in dauerndem wissenschaftlichen Verkehr bleibt. Goethe trifft Georg Forster erneut in Kassel. |
| April 1784 | Erster Brief Goethes an den Mineralogen Johann Georg Lenz in Jena, mit dem Goethe seitdem in regem Verkehr und Briefwechsel bleibt. |
| 26. 5. 1784 | Goethe besucht das „Wetterbeobachtungs-Museum" von Dr. Sievers in Oberweimar. |

| | |
|---|---|
| 17. 11. 1784 | Brief Goethes an Knebel mit „Abhandlung aus dem Knochenreich". |
| 19. 12. 1784 | Goethe sendet seine lateinische Abhandlung (Specimen osteologicum) über den Zwischenkiefer an Merck, dieser an Sömmering. |
| 10. 3. 1785 | Merck übermittelt Goethes „Specimen osteologicum" an den holländischen Anatomen Pieter Camper. |
| 12./13. 9. 1785 | Georg Forster besucht Goethe in Weimar. |
| Nov. 1785 | Goethe liest in Ilmenau Linnés Philosophia botanica. |
| Aug./Sept. 1787 | Goethe trägt in Rom J. H. Meyer und Moritz die Grundgedanken der Metamorphose der Pflanzen vor. |
| 4. 9. 1790 | Goethe besichtigt in Schlesien eine Dampfmaschine. |
| April 1791 | Beginn der Beziehungen zu dem Jenaer Professor der Mathematik und Physik Johann Heinrich Voigt. |
| Anfang Mai 1791 | Goethe schickt Voigt die älteste erhaltene Abhandlung zur Farbenlehre „Über das Blau". |
| Sept. 1790 bis 1797 | In der von ihm gegründeten „Freitagsgesellschaft" hält Goethe u. a. Vorträge über seine Farbenlehre. |
| Sept. 1791 | Johann Christian Stark kündigt in Jena eine öffentliche Vorlesung über Goethes Metamorphose der Pflanzen an. |
| 2. 3. 1792 | Christoph Wilhelm Hufeland liest in der Freitagsgesellschaft, darauf Berufung an die Jenaer Universität. |
| Mai 1792 | Erster Brief Goethes an Lichtenberg in Göttingen. |
| 21. 8. 1792 | Begegnung in Mainz mit G. Forster und Sömmering. |
| 1794 | Unter Goethes Oberleitung wird der Herzogl. Botan. Garten in Jena gegründet. Direktor Carl Batsch. |
| März 1794 | In Jena Bekanntschaft mit Alexander von Humboldt. |
| Juli 1794 | Gespräch mit Schiller über die Urpflanze. |
| Ende 1794 | Naturwissenschaftliche Studien in Jena. Umgang mit Loder, Batsch, Hufeland und dem Chemiker J. F. A. Göttling. |
| Jan. 1795 | Goethe hört in Jena bei Loder Syndesmologie (Bänderlehre) und diktiert Max Jacobi das Grundschema der Knochenlehre. |
| 18. 6. 1795 | Erster Brief an Humboldt über dessen chemische Physiologie der Pflanzen. |
| 17. 2. 1797 | Goethe sendet den ersten Entwurf zum Schema der „Farbenlehre" an Schiller. |
| Febr.–März 1797 | In Jena Arbeit an der Farbenlehre. Umgang mit Schiller, den Brüdern Humboldt, Schlegel und Loder. |
| Aug. 1797 | Kontakt mit Sömmering in Frankfurt/M. |
| März–April 1798 | Besuch bei Loder in Jena. |
| 5. 7. 1798 | Goethe teilt Schelling die Ernennung zum a. o. Professor mit. |
| 19. 11. 1798 | Farbenversuche mit Gildemeister. |

| 18. 12. 1799 | Goethe erteilt dem Bremer Medizinstudenten Nikolaus Meyer das Dissertationsthema „Prodomus anatomiae murum" und bleibt mit ihm in freundschaftlicher Verbindung. |
| --- | --- |
| 27. 9. 1800 | Goethe unterhält sich mit dem Physiker Johann Wilhelm Ritter in Jena über Galvanismus. |
| 19. 1. 1801 | Goethe beginnt mit der Übersetzung von Theophrasts „Büchlein über die Farben". |
| 7. 3. 1801 | Erster Brief an Ritter, Optik betreffend. |
| Juli 1802 | Goethe besucht in Halle die Professoren Ludwig Wilhelm Gilbert (Physiker), Johann Christian Reil (Mediziner) und Kurt Polykarp Joachim Sprengel (Botaniker). Galvanische Versuche mit Gilbert. |
| Jan. 1803 | Besuch des Physikers und Musiktheoretikers Ernst Florens Friedrich Chladni bei Goethe in Weimar. |
| Aug. 1805 | Bekanntschaft mit hallischen Naturforschern. Goethe hört die Vorträge von Franz Joseph Gall über Schädellehre. |
| Okt. 1805–Mai 1806 | Goethe hält Mittwoch-Vorträge über allgemeine Naturlehre. |
| Dez. 1806 | Johann Georg Lenz gebraucht erstmals die Bezeichnung „Goethit" für das Mineral Rubinglimmer ($\gamma$–Goethit $= \gamma$–FeOOH $=$ Rubinglimmer; $\alpha$–Goethit $= \alpha$–FeOOH $=$ Nadeleisenerz $=$ Samtblende). |
| März 1807 | Goethe erhält die ihm gewidmeten „Ideen zu einer Geographie der Pflanzen" von Alexander von Humboldt. |
| Juli 1807 | Goethe hilft dem Steinschneider Joseph Müller bei der Erläuterung von Sammlungen der Gesteine der Gegend von Karlsbad (Karlovy Vary). |
| Sept. 1807 | Goethe liest Baco von Verulams Specula mathematica und Albertus Magnus' Naturgeschichte der Tiere. |
| Nov.–Dez. 1807 | In Jena Begegnung mit Lorenz Oken. |
| 1810 | Döbereiner, Freund und chemischer Berater Goethes, auf Betreiben Carl Augusts an die Jenaer Universität berufen. |
| April 1812 | Gespräche Goethes in Jena mit Döbereiner über Pflanzenchemie. |
| April 1813 | Goethe bei dem Forstmann Heinrich Cotta in Tharandt. |
| Nov. 1813 | Goethe liest J. H. Klaproths „Reise in den Kaukasus". |
| 12. 12. 1813 | Gespräch Goethes mit dem Mediziner Georg Kieser. |
| Juli–Aug. 1814 | Goethe besucht den Mineralogen Karl Caesar von Leonhard in Hanau. |
| 13. 10. 1815 | Treffen Goethes mit dem Arzt und Naturforscher Carl Christian Gmelin. |

| | |
|---|---|
| 27. 2. 1816 | Goethe lehnt Schellings Wunsch, erneut nach Jena berufen zu werden, wegen dessen Kryptokatholizismus ab. |
| 18. 6. 1816 | Erster Brief Goethes an den Botaniker Christian Gottfried Nees von Esenbeck, mit dem Goethe in wissenschaftlichem Austausch bleibt. |
| 20. 7. 1816 | Goethe unterhält sich in Weimar mit Chladni über Meteorgesteine und Klangfiguren. |
| 5. 12. 1816 | Goethe veranlaßt Döbereiner brieflich, aus der Ilmenauer Steinkohle Teer und Gas herzustellen. Döbereiner findet dabei das Wassergas. |
| Febr. 1818 | Goethe liest Carus' „Lehrbuch der Zootomie Leipzig 1818", das dieser ihm zusandte. |
| 23. 3. 1818 | Erster Brief an Carl Gustav Carus. |
| 26. 8. 1818 | Goethe wird zum Mitglied der Kaiserlich Leopoldinisch-Carolinischen Deutschen Akademie der Naturforscher ernannt. |
| 18./19. 3. 1819 | Nees von Esenbeck besucht Goethe. |
| 10. 5. 1819 | Der amerikanische Naturforscher J. G. Cogswell besucht Goethe. |
| 31. 5. 1819 | Nees von Esenbeck bei Goethe. |
| April 1820 | Bekanntschaft Goethes mit dem Mineralogen Joseph Sebastian Grüner, mit dem er in Briefwechsel bleibt. |
| Mai 1821 | Nees von Esenbeck und von Martius nennen eine von dem Brasilienforscher Maximilian zu Wied-Neuwied 1817 entdeckte seltene brasilianische Malvazeengattung *Goethea cauliflora*. |
| 21. 7. 1821 | Besuch Carl Gustav Carus bei Goethe in Weimar. |
| April 1822 | Leopold Dorotheus von Henning hält an der Berliner Universität bis 1835 alljährlich Vorlesungen über Goethes Farbenlehre, wozu die Akademie der Wissenschaften, Albrecht Daniel Thaer, zu seinem 72. Ge- |
| Juni 1822 | Goethe trifft in Marienbad (Marianské Lázne) Berzelius und unternimmt mit ihm eine geologische Exkursion auf den Kammerbühl bei Eger (Cheb). |
| Sept. 1822 | Beginn der Freundschaft Goethes mit dem Naturwissenschaftler Frèdèric Jean Soret aus Genf. |
| 10.–12. 12. 1822 | Johannes Evangelista Purkinje aus Prag, der dort Goethes Farbenlehre vertritt, besucht Goethe in Weimar. Purkinje wird 1823 auf Empfehlung Goethes und A. von Humboldts nach Breslau (Wrocław) berufen. |
| 14. 5. 1824 | Goethe läßt dem Begründer der Landwirtschaftswissenschaften, Albrecht Daniel Thaer, zu seinem 72. Geburtstag und 50. Doktorjubiläum in Möglin durch Zelter ein Huldigungsgedicht überbringen. |

| 13. 9. 1824 | Der Botaniker Karl Friedrich Philipp von Martius besucht Goethe. Bericht über seine Brasilienreise gemeinsam mit dem Zoologen J. B. Spix 1817–1820. |
| 28. 8. 1826 | Nees von Esenbeck nimmt an Goethes Geburtstagsfeier teil. |
| 19. 11. 1826 | Brief Goethes an Georges Cuvier. |
| Dez. 1826 | Besuch Alexander von Humboldts bei Goethe. |
| Aug. 1827 | Gustav Parthey berichtet Goethe von seinen Orientreisen. |
| 20. 8. 1828 | Die Chemiker Jöns Jakob von Berzelius und Eilhard Mitscherlich besuchen Goethe. |
| 4. 10. 1828 | Von Martius, von der Berliner Naturforscherversammlung kommend, besucht Goethe. |
| 1829 | Besuch F. F. Runges bei Goethe. |
| Juli 1830 | Goethe verfolgt den Akademiestreit zwischen Cuvier und Geoffroy. |
| 8. 1. 1831 | Goethe schickt seinen Aufsatz über den Pariser Akademiestreit, mit dem er die Geschichte seines botanischen Lebenslaufes abschließen möchte, an Riemer. Letzte Ergänzung März 1832. |
| 26./27. 1. 1831 | Letzter Besuch A. v. Humboldts bei Goethe. |
| 21. 1. 1832 | Goethes Brief an Wackenroder über Pflanzenchemie und Metamorphose. |
| 25. 2. 1832 | Goethes Brief an Boisserèe mit ausführlicher Erklärung des Regenbogens. |
| 15. 3. 1832 | Brief Goethes an den jungen Bernhard Cotta über dessen Buch „Die Dendrolithen in Beziehung auf ihren inneren Bau. Arnoldische Buchhandlung. Dresden und Leipzig 1832". |

# Literatur



*Originalschriften Goethes*

[LA] Goethe: Die Schriften zur Naturwissenschaft. Vollständige mit Erläuterungen versehene Ausgabe. Herausgegeben im Auftrage der Deutschen Akademie der Naturforscher (Leopoldina) von Günther Schmid, Wilhelm Troll und K.-L. Wolf, Weimar.
I. Abteilung, Bd. 1–11. II. Abteilung, Bd. 3, 4, 6, 9A.

[WA] Goethes Werke. Herausgegeben im Auftrage der Großherzogin Sophie von Sachsen (Weimarer Ausgabe) II. Abteilung. Goethes naturwissenschaftliche Schriften. Weimar Bd. 1–13.

[SW] Goethes Sämtliche Werke. Jubiläumsausgabe in 40 Bänden. Stuttgart und Berlin. Bd. 39 und 40.

[SN]   Goethe: Ausgewählte Schriften über die Natur. Ergänzungsband zu
       Goethes Werken in 10 Bänden. Ausgewählt und mit einem Nachwort
       versehen von Eberhard Buchwald. Weimar 1961.
[AS]   Goethes Amtliche Schriften. Weimar. Bd. I–III.
[CZ]   Corpus der Goethe-Zeichnungen. Leipzig. Bd. I–VII.
[MS]   Goethes Sammlungen zur Mineralogie, Geologie und Paläontologie.
       Katalog. Bearbeitet von H. Prescher. Berlin 1978.


*Schriften der Klassiker des Marxismus-Leninismus*

[1]    Engels, F.: Die Lage Englands. „Past and Present" by Thomas
       Carlyle. In: Marx, Engels, Werke, Bd. 1, Berlin 1957.
[2]    Engels, F.: Deutscher Sozialismus in Versen und Prosa. In: Marx,
       Engels, Werke, Bd. 4, Berlin 1959.
[3]    Engels, F.: Herrn Eugen Dührings Umwälzung der Wissenschaft
       (Anti-Dühring). Dialektik der Natur. In: Marx, Engels, Werke, Bd.
       20, Berlin 1962.
[4]    Engels, F.: Ludwig Feuerbach und der Ausgang der klassischen
       deutschen Philosophie. In: Marx, Engels, Werke, Bd. 21, Berlin
       1962.


*Ausgewählte Sekundärliteratur*

[5]    Bassermann, D.: Goethe als Naturforscher. Berlin 1947.
[6]    Bljacher, L. J.: Analogie und Homologie. In: Der Entwicklungs-
       gedanke in der Biologie, Moskau 1965, S. 123–203 (russ.).
[7]    Born, M.: Betrachtungen zur Farbenlehre. Die Naturwissenschaften
       50 (1963) H. 2, S. 37–39.
[8]    Carus, C. G.: Goethe und seine Bedeutung für diese und die künf-
       tige Zeit. In: Den Manen Goethes, Weimar 1957, S. 61–93.
[9]    Das Jahrhundert Goethes. Kunst, Wissenschaft, Technik und Ge-
       schichte zwischen 1750 und 1850. Weimar 1967.
[9a]   Dietze, W.: Johann Gottfried Herder. Berlin und Weimar 1980.
[9b]   Dietze, W.: Johann Wolfgang Goethe – Thesen zur Diskussion 1982.
       Aus der Arb. Plenum u. Kl. AdW DDR. – Berlin 6 (1981) 6, S. 1
       bis 393.
[9c]   Dietze, W.: Johann Wolfgang Goethe. Weltbild – Menschenbild –
       Poesie. Weimar 1982.
[10]   Du Bois-Reymond, E.: Goethe und kein Ende. Berlin 1882.
[11]   Feuerbach, L.: Vorlesungen über das Wesen der Religion. In: L.
       Feuerbach: Gesammelte Werke, Bd. 6, Berlin 1967.
[12]   Gebhardt, M.: Goethe als Physiker. Berlin 1932.
[13]   Geerdts, H.-J.: Johann Wolfgang Goethe. Biografie. Leipzig 1972.
[14]   Gericke, L.; Schöne, K.: Das Phänomen Farbe. Berlin 1973.
[15]   Geschichte der Universität Jena. Bd. I, Jena 1958. Bd. II, Jena
       1962.

[16]     Girnus, W.: Goethes Weltbild. In: Schriftenreihe Philosophisches Erbe. Bd. 2. Johann Wolfgang Goethe: Ausgewählte philosophische Texte. Berlin 1962.

[16a]    Goethe und die Wissenschaften. Friedrich-Schiller-Universität. Jena 1984.

[17]     Gulyga, A. V.: Der deutsche Materialismus am Ausgang des 18. Jahrhunderts. Berlin 1966.

[18]     Haecker, V.: Goethes morphologische Arbeiten und die neuere Forschung. Jena 1927.

[19]     Hamm, H.: Der Theoretiker Goethe. Berlin 1975.

[20]     Hansen, A.: Goethes Metamorphose der Pflanzen. Gießen 1907.

[21]     Heisenberg, W.: Die Goethesche und die Newtonsche Farbenlehre im Lichte der modernen Physik. In: Wandlungen in den Grundlagen der Naturwissenschaft, 7. Aufl. Stuttgart 1947.

[22]     Heisenberg, W.: Das Naturbild Goethes und die technisch-wissenschaftliche Welt. In: Goethe. Neue Folge des Jahrbuches der Goethe-Gesellschaft. Bd. 29. Weimar 1967, S. 27–42.

[23]     Heynacher, M. (Hrsg.): Goethes Philosophie aus seinen Werken. Leipzig 1905.

[24]     Holtzhauer, H.: Goethe-Museum. Berlin und Weimar 1969.

[25]     Kanaev, I. I.: Goethe als Naturforscher. Leningrad 1970 (russ.).

[26]     Lindner, H.: Das Problem des Spinozismus im Schaffen Goethes und Herders. Weimar 1960.

[27]     Link, G.: Goethes Verhältnis zur Mineralogie und Geognosie. Jena 1906.

[28]     Lorenz, K.: Über die Entstehung von Mannigfaltigkeit. Die Naturwissenschaften 52 (1965) H. 12, S. 319–322.

[29]     Lubosch, W.: Der Akademiestreit zwischen Geoffroy de St.-Hilaire und Cuvier im Jahre 1830 und seine leitenden Gedanken. Biol. Zentralbl. 38 (1918) S. 9–101.

[30]     Magnus, R.: Goethe als Naturforscher. Leipzig 1906.

[31]     Matthaei, R.: Gang durch die Farbenlehre im Goethe-Nationalmuseum. Weimar 1955.

[32]     Pfannenstiel, M.: Die Entdeckung des menschlichen Zwischenkiefers durch Goethe und Oken. Die Naturwissenschaften 36 (1949) S. 193 bis 198.

[33]     Planck, M.: Vorträge und Erinnerungen. Stuttgart 1949.

[34]     Schmid, G.: Über die Herkunft der Ausdrücke Morphologie und Biologie. Nova Acta Leopoldina. N. F. Bd. 2. Nr. 8, S. 597–620. Halle 1935.

[35]     Schmid, G.: Goethe und die Naturwissenschaften. Eine Bibliographie. Halle 1940.

[36]     Schneider-Carius, K.: Wetterkunde, Wetterforschung, Geschichte ihrer Probleme und Erkenntnisse in Dokumenten aus drei Jahrtausenden. Freiburg-München 1955.

[37]     Schweitzer, A.: Goethe als Denker und Mensch. In: Den Manen Goethes, Weimar 1957.

[38] Semper, M.: Die geologischen Studien Goethes. Leipzig 1914.

[39] Stephan, H. (Hrsg.): Herders Philosophie. Leipzig 1906.

[40] Treder, H.-J.: Die Trägheit und Schwere des Lichtes von Lukrez bis Einstein. Spektrum 5 (1974) H. 7, S. 19–21.

[41] Ungerer, E.: Die Erkenntnisgrundlage der Biologie – ihre Geschichte und ihr gegenwärtiger Stand. In: Handbuch der Biologie, Bd. I/1 Erster Teil. Konstanz 1965, S. 1–94.

[42] Uschmann, G.: Goethe und der Pariser Akademiestreit. In: Beiheft zur Schriftenreihe für Geschichte der Naturwissenschaft, Technik und Medizin, Leipzig 1964, S. 180–193.

[43] Virchow, R.: Goethe als Naturforscher. Berlin 1861.

[43a] Voigt, W.: Homologie und Typus in der Biologie. Jena 1973.

[44] Wachsmuth, A. B.: Geeinte Zwienatur. Berlin und Weimar 1966.

[44a] Wagenbreth, O.: Goethe und der Ilmenauer Bergbau. Weimar 1983.

[45] Walther, J. (Hrsg.): Goethe als Seher und Erforscher der Natur. Halle 1930.

[46] Wessely, K.: Welche Wege führen noch heute zu Goethes Farbenlehre. In [45].

[47] Wollgast, S. (Hrsg.): Einleitung des Herausgebers zu: Emil du Bois-Reymond: Vorträge über Philosophie und Gesellschaft, Berlin 1974.

# Personenregister

Lieferbar in dieser Reihe:

| Band | Autor und Titel | Preis | Bestell-Nr. |
| --- | --- | --- | --- |
| 16 | Heinig: C. Schorlemmer | 4,70 | 665 721 9 |
| 19 | Schmutzer/Schütz: G. Galilei | 6,90 | 665 744 6 |
| 21 | Astaschenkow: S. P. Koroljow | 10,-- | 665 778 8 |
| 25 | Wächtler/Mühlfriedel/Michel: | | |
| | E. Rammler | 5,- | 665 775 3 |
| 26 | Mette: W. Griesinger | 4,20 | 665 780 9 |
| 28 | Zirnstein: W. Harvey | 5,- | 665 837 7 |
| 29 | Wołczek: M. Skłodowska-Curie | 6,50 | 665 833 4 |
| 30 | Rodnyj/Solowjew: W. Ostwald | 18,50 | 665 774 5 |
| 31 | Kaiser: J. A. Segner | 4,50 | 665 840 6 |
| 34 | Halameisär/Seibt: | | |
| | N. I. Lobatschewski | 4,60 | 665 870 5 |
| 36 | Tutzke: A. Grotjahn | 4,60 | 665 882 8 |
| 37 | Kästner: J. Gutenberg | 3,50 | 665 866 8 |
| 39 | Bürger: Chr. Kolumbus | 6,80 | 665 931 0 |
| 43 | Kosmodemjanski: K. E. Ziolkowski | 10,50 | 665 930 2 |
| 44 | Jaworski: L. Hirszfeld | 4,80 | 665 995 1 |
| 45 | Ilgauds: N. Wiener | 4,80 | 665 983 9 |
| 46 | Körber: A. Wegener | 4,80 | 665 991 9 |
| 48 | Zirnstein: Ch. Lyell | 6,80 | 665 992 7 |
| 49 | Goetz: G. Chr. Lichtenberg | 6,80 | 665 986 3 |
| 50 | Tobies: F. Klein | 6,80 | 666 026 6 |
| 51 | Richter-Meinhold: | | |
| | H. Bessemer und S. G. Thomas | 4,80 | 666 039 7 |
| 52 | Kirchberg/Wächtler: | | |
| | C. Benz, G. Daimler, W. Maybach | 6,80 | 666 042 6 |
| 53 | Sittauer: J. Watt | 6,80 | 666 038 9 |
| 54 | Ruff: E. du Bois-Reymond | 6,80 | 666 037 0 |
| 55 | Krüger: W. I. Wernadskij | 6,80 | 666 033 8 |
| 56 | Thiele: L. Euler | 9,60 | 666 045 0 |
| 57 | Herrmann: K. F. Zöllner | 4,80 | 666 086 4 |
| 58 | Cassebaum: C. W. Scheele | 6,80 | 665 990 0 |
| 62 | Dunsch: H. Davy | 4,80 | 666 111 1 |
| 65 | Ullmann: E. F. F. Chladni | 4,80 | 666 143 7 |
| 66 | Hoffmann: E. Schrödinger | 4,80 | 666 080 5 |
| 71 | Herneck: H. W. Vogel | 6,80 | 666 193 9 |
| 72 | Göbel: F. A. Kekulé | 4,80 | 666 192 0 |